韩山师范学院教材出版资助

U0192592

面向未来的信息技术师范生培养：理念、模式与实践

冯健文　林　璇　编著

電子工業出版社
Publishing House of Electronics Industry
北京·BEIJING

内 容 简 介

本书系计算机科学与技术师范省级特色专业和信息技术学科教学论省级一流课程思政课程建设成果。本书从培养卓越教师职业能力出发，以信息技术学科教师培养为例，围绕未来人工智能时代师范生教师教育能力的特殊性以及获得这种能力的途径，梳理人才教育理念、培养模式与课程实践的研究成果和经验。本书特色鲜明，基于先进的 OBE 和课程思政教育理念，反映信息技术学科教师教育最新研究成果；结构、逻辑严谨，从理论、模式到实践，研究层次分明；应用性强，能够拓展师范生视野。本书可作为学科教学论、STEM 教育、人工智能教育等课程的教材使用，也可供师范专业学生、信息技术教育教师和学者研究、借鉴。

图书在版编目（CIP）数据

面向未来的信息技术师范生培养：理念、模式与实践/冯健文，林璇编著. —北京：电子工业出版社，2022.4

ISBN 978-7-121-43258-3

Ⅰ.①面… Ⅱ.①冯… ②林… Ⅲ.①电子计算机—师资培养 Ⅳ.①TP3

中国版本图书馆 CIP 数据核字（2022）第 057788 号

责任编辑：贺志洪
文字编辑：杜　皎
印　　刷：中煤（北京）印务有限公司
装　　订：中煤（北京）印务有限公司
出版发行：电子工业出版社
　　　　　北京市海淀区万寿路 173 信箱　邮编：100036
开　　本：787×1092　1/16　印张：6.5　字数：166.4 千字
版　　次：2022 年 4 月第 1 版
印　　次：2022 年 4 月第 1 次印刷
定　　价：32.00 元

凡所购买电子工业出版社图书有缺损问题，请向购买书店调换。若书店售缺，请与本社发行部联系，联系及邮购电话：（010）88254888，88258888。
质量投诉请发邮件至 zlts@phei.com.cn，盗版侵权举报请发邮件至 dbqq@phei.com.cn。
本书咨询联系方式：（010）88254609 或 hzh@phei.com.cn。

目　　录

第 1 章　未来的教师职业

1.1　未来教育展望

1.1.1　未来世界发展态势

教育（Education），从狭义上指专门组织的学校教育，从广义上指影响人的身心发展的社会实践活动。"教育"一词来源于孟子的"得天下英才而教育之"。拉丁语educare是西方"教育"一词的来源，意思是"引出"。[①] 总之，教育是一种提高人的综合素质的实践活动。教育的逻辑起点自然是人类社会的产生。因此，教育离不开当前社会形态，也与未来社会密切相关。

近十年及未来十年，世界发展态势受信息技术，尤其是人工智能的发展影响巨大。[②]"世界经济论坛"发布的《2020年未来工作报告》称，全球自动化和数字化趋势正加速发展。目前，全球超过80%的企业正在加速布局，推进工作流程数字化，而50%的企业则希望加快实现部分岗位的自动化。该报告预测，未来五年，由科技驱动的自动化浪潮将创造9 700万个新就业机会，各国应加大对员工"再培训"和"技能提升"的力度。

日本机器人工业协会的报告则显示，2020年第二季度日本机器人出口数量同比增长13%。机器人在日本的应用场景越来越丰富，从企业生产线到物流、教育、服务等领域都能看到机器人的身影。为推动自动化发展，日本政府近年来出台了《第五期科学技术基本计划》《人工智能战略2019》等文件，希望以智能化提升民众生活水平、强化日本企业的竞争力。

在欧元区，计算机编程领域的就业人数不降反升。2020年10月，欧盟公布的最新版"数字欧洲"项目显示，欧盟将投资6亿欧元，用于为欧盟范围内的数字行业培训约25.6万人，其中将设立160个新硕士学位，培训8万名数字专家，并通过短期培训项目为其他行业培训15万数字化人才。此外，欧盟要求成员国将"数字化转型"融入经济

---

① 教育[EB/OL]. [2022-02-06]. https://baike.baidu.com/item/%E6%95%99%E8%82%B2/143397?fr=aladdin.

② 全球自动化和数字化趋势正加速发展[EB/OL].（2020-11-02）[2022-02-06]. http://5gcenter.people.cn/n1/2020/1102/c430159-31914621.html.

恢复全过程，以拓展数字化新机遇。

美国国际贸易委员会的数据显示，2021年前8个月，美国商品进口额同比减少11%，而工业机器人进口增长5%。国际机器人联合会预计，全球在岗的专业服务机器人数量在未来将保持继续增长的势头。

此外，世界经济论坛的报告还指出，数字化和自动化将带来更多新的就业机会。由于自动化等新技术的使用，现有工作岗位需求减少，简单重复劳动等低技能岗位最容易被机器取代。预计未来五年，全球受此影响的岗位达8 500万个。同时，由于新技术投入，未来五年将创造9 700万个相关工作岗位，尤其是人机交互、算法等相关岗位。

1.1.2　未来教育发展方向

下一个十年，国际经济竞争将全面升级。以创新为国家核心战略，站在高科技前沿的国家将成为全球领袖。人与机器的竞争会成为就业市场的新常态。在教育领域，创新也成为教育发展的核心驱动力。英国开放大学（The Open University）每年都会发布一份"创新教学报告"（Innovating Pedagogy）[①]，每年提出10项已经有所应用但尚未对教育产生深远影响的创新教学法。这些创新教学法打破了学校和教室等物理空间的限制，将其延伸至虚拟学习空间，推动了全球共享的虚实融合的学习实践。表1-1和表1-2是英国开放大学2020—2021年发布的20种新教学法。

表 1-1　英国开放大学 2020 年发布的 10 种新教学法

教　学　法	影　响　力	作用时间
Artificial intelligence in education（人工智能教育应用）	高	正在进行
Online laboratories（线上实验室）	高	正在进行
Offline networked learning（离线网络学习）	高	长期
Engaging with data ethics（关注数据伦理）	中	正在进行
Social justice pedagogy（社会公平教育）	中	正在进行
Esports（电子竞技）	中	正在进行
Learning from animations（从动画中学习）	中	正在进行
Multisensory learning（多感官学习）	中	正在进行
Learning through open data（通过开放数据学习）	中	中期
Posthumanist perspectives（后人本主义视角）	中	长期

表 1-2　英国开放大学 2021 年发布的 10 种新教学法

教　学　法	影　响　力	作用时间
Playful Learning（趣悦学习）	高	中期
Learning with Robots（机器人陪伴学习）	高	中期

---

① 《创新教学报告 2021》发布 聚焦未来教育发展趋势[EB/OL].（20201-01-13）[2020-02-06]. http://edu.people.com.cn/n1/2021/0113/c1053-31998600.html.

续表

教 学 法	影 响 力	作 用 时 间
Decolonising Learning（去殖民化学习）	中	中期
Drone-based Learning（基于无人机的学习）	中	中期
Learning through Wonder（通过奇观学习）	中	中期
Action Learning（行动学习）	中	正在进行
Virtual Studios（虚拟工作室）	中	正在进行
Place-based Learning（基于地点的学习）	中	正在进行
Making Thinking Visible（让思维可见）	中	正在进行
Roots of Empath（培养同理心）	中	正在进行

展望未来二十年，人受教育的目标是什么？信息技术以何种形态融入教育？人工智能下的教育到底是怎样的？教师需要具备什么知识、技能和素质才能胜任教育任务？

作为教育者，应提前明确受教育者的学习成效，反推教育者的学习阶段、学习任务、学习方式和阶段性成果。例如，学习成效应至少使受教育者在学习后五年内与社会需求相适应，具备五年后接受继续教育的基础。因此，教育者必须至少预测未来五年社会的发展趋势。

很多学者对未来教育进行了探讨，未来教育存在很多不确定性，但主要有两个明显的趋势。[①] 第一个发展趋势是人工智能（AI）的出现。第二个发展趋势可以从新科技发展的"ABCDEFG"这几个角度来阐释。A 指的是人工智能，B 指的是区块链（Block Chain），C 指的是云计算（Cloud Computing），D 指的是大数据（Big Data），E 指的是生态（Ecological），F 指的是人脸识别（Facial Recognition），G 则是 5G。"ABCDEFG"这几个方面的发展，使人工智能被更多地应用于实践之中。

新科技发展必然对教育的教与学的方方面面产生深刻影响。作为教育者，只是被动获知新教育发展是不行的，反之，应主动了解教育发展的历史机制，以及当前教育的实现方式。

早在2016年的中国科学院第十八次院士大会、中国工程院第十三次院士大会上，习近平总书记指出，"一切科技创新活动都是人做出来的。我国要建设世界科技强国，关键是要建设一支规模宏大、结构合理、素质优良的创新人才队伍"。其中，关键词是"创新"，这也是我国"十四五"发展战略的主题词之一。所以，未来的教育者应当是创新型教育者。

我国未来教育发展主要受三方面因素的影响。

1. 科技革命发展

纵观历史，世界科技革命已经经历四次，当前我们正处于第五次科技革命之中。

---

① 谢梦，傅婵娟. 跨学科学习与未来教育——访香港教育大学学术及首席副校长李子建教授[J]. 世界教育信息，2021，34（04）：12-16.

表 1-3 所示为 16 世纪以来科技革命的发展历程。科技革命主要对象为物理学，以及机械、电力和运输、电子和信息技术，第五次科技革命是以新生物学为目标，包括人工智能、新材料等新技术。

表 1-3 16 世纪以来科技革命的发展历程

阶　段	大致时间	科技革命名称	若干代表
第一次科技革命	16—17 世纪	物理学革命	哥白尼、伽利略、牛顿
第二次科技革命	1733—1870 年	机械技术革命	纺织机、蒸汽机、工作母机
第三次科技革命	1870—1945 年	电力和运输技术革命	发电机、内燃机；石化、电信
第四次科技革命	1945—2020 年	物理学革命、电子和信息技术革命	物理学：相对论、量子论；射线、电子 电子和信息技术：计算机、互联网
第五次科技革命	2020—2050 年	新生物学	信息转换、仿生、创生、再生

第五次科技革命的兴起原因既有国家竞争的外部需求、产业结构变革的经济需求，更重要的是人们对于美好生活的更高层次的需求，并呈现颠覆性、智能化、绿色化、国际化的特征。[①]

科技革命直接影响受教育者的学习成效目标，自然也影响教育者的教学实施各方面，主要包括人才培养结构、学科建设、思想品德教育、教学方法、教育资源、教育手段、信息技术应用、科教融合、教育治理等。我们可以预见，随着第五次科技革命的深入，我国未来教育在宏观和微观方面都会产生本质变化。

科技对教育影响的典型例子是美国推行的"21 世纪素养框架"。早在 20 世纪末，展望 21 世纪以信息技术为主的科技革命和日趋激烈的国际竞争，美国教育界进行了深入的争论和探索，最终达成培养"跨学科人才"的 21 世纪教育目标。2002 年，美国联邦教育部主持成立了"21 世纪技能合作组织"，以合作伙伴的形式将教育界、商业界、社区及政府领导联合起来，把对"21 世纪技能"的培养融入中小学教育当中，其中 STEM [科学（Science）、技术（Technology）、工程（Engineering）、数学（Mathematics）] 就是该阶段产生的重要教育理念。

2. 人工智能发展

2017 年，我国政府发布了《新一代人工智能发展规划》，明确提出：到 2020 年，实现人工智能总体技术和应用与世界先进水平同步；到 2025 年，人工智能基础理论实现重大突破，部分技术和应用达到世界领先水平；到 2030 年，人工智能理论、技术和应用总体达到世界领先水平，成为世界主要人工智能创新中心。该规划指明了我国人工智能发展的战略态势以及战略部署。该规划把人工智能教育作为重点任务之一，把高端人才队伍建设作为人工智能发展的重中之重，要大力发展智能教育；利用智能技术加快推动人才培养模式、教学方法改革，构建包含智能学习、交互式学习的新型教育体系；开

---

① 张学敏，柴然. 第六次科技革命影响下的教育变革[J]. 东北师大学报（哲学社会科学版），2021（02）：117-127.

展智能校园建设，推动人工智能在教学、管理、资源建设等方面的全流程应用；开发立体综合教学场、基于大数据智能的在线学习教育平台；开发智能教育助理，建立智能、快速、全面的教育分析系统；建立以学习者为中心的教育环境，提供精准的教育服务，实现日常教育和终身教育的定制化。

　　人工智能对教育的影响，最重要的方面体现在理论的革新和教育理念的转变。以学生为中心办教育的观念古已有之，但我国传统的教学多以教师为主。2018 年，教育部组织召开了改革开放 40 年来第一次全国高等学校本科教育工作会议，发布了《关于加快建设高水平本科教育　全面提高人才培养能力的意见（征求意见稿）》，深入回答了"培养什么样的人"和"如何培养人"等问题，强调"高校要以学生为中心办教育，以学生的学习结果为中心评价教育，以学生学到了什么、学会了什么评判教育的成效"。这些要求是推动教育回归常识。

　　以马斯洛和罗杰斯为代表的心理学家提出以学习者为中心的理念，认为教育最重要的是激发学生潜能，学生要作为学习的主导者，教师起引导和辅助的作用。通过教师的启发式教学和学生的自主式学习，学生发现自我优缺点，并建立完善自我、发展自我的学习成效目标。

　　在以学生为中心的现代教育理念下，教育者在教学中的作用发生了本质变化，当充分发挥人工智能效用时，许多普遍的教育目标能轻易实现。例如"因材施教"，在人工智能作用下，学生的学习行为数据将随时生成实时学习画像，教师只要进行适当的参数配置，每位学生就能得到个性化的学习辅导方案。这在以前是难以实现的，因为教师收集学生学情并制定独立的方案，工作量太大了。

　　当人工智能被引入教育后，传统的"师生"教学关系加入了"人机交互"关系，教师使用机器教学，学生使用机器学习，师生通过机器交流。

　　有学者提出了教育人工智能的新概念，简称 eAI（educational Artificial Intelligence），并将 eAI 的研究与应用视为人本人工智能的新范式。[①] 人本人工智能的核心是人和机器如何在人机对话中实现功能的互补和价值的匹配。eAI 的形成和发展必须依托多学科、多人员的统一协调，具有超学科属性，被视为人本人工智能在教育领域的"领域智慧"。它涵盖学人工智能、用人工智能、创人工智能三个基本内核，从"支持智能"阶段过渡到"增强智能"阶段，最后达到"人机协同智能"阶段。诚然，人工智能已经可以代替教师完成许多教学任务，但"教育人工智能"并不能与"教师"画等号。它旨在为教师赋能，促进教师有效教学。

　　2020 年 12 月 7 日，由联合国教科文组织、中国教育部、中国联合国教科文组织全国委员会共同举办国际人工智能与教育会议，会议以"培养新能力，迎接智能时代"为主题，探讨智能时代人类需要具备的核心素养，研究未来教育发展战略和育人方式。[②]

---

① 祝智庭，韩中美，黄昌勤. 教育人工智能（eAI）：人本人工智能的新范式[J]. 电化教育研究，2021，42（01）：5-15.
② 承担教育使命　共同谋划教育未来——陈宝生出席国际人工智能与教育会议[J]. 教育发展研究，2020，40（23）：76.

时任教育部部长陈宝生指出，一年以来，在新冠肺炎疫情冲击下，全球教育受到严重影响，各国政府和教育界奋力抗疫，实施了前所未有的大规模线上教育。人工智能等新技术向我们展示了变革教育的巨大潜能，帮助每个人获取驾驭新科技、创造美好生活的能力，正是教育的使命所在，我们应当加快发展更高质量的教育、更加公平包容的教育、更加适合每个人的教育、更加开放灵活的教育。

3. 基础教育发展

师范生未来的就业领域是中小学基础教育，我国未来基础教育的发展直接与师范生职前如何培养，以及职后如何继续教育有着密切关联。从 2010 年开始，我国基础教育的育人理念发生了本质的变化，从"泛智教育"转向"素养教育"，这可从课程与教学的变革看出。①

17 世纪中叶，著名教育家夸美纽斯提出了影响世界教育的重要论述，提出了"泛智教育"思想，即"把一切的知识教给一切的人"，开启了现代分科教学的课程体系；提出"班级授课制"教学组织体系，勾画了现代学校的基本雏形；提出根据学生年龄实施从"母育学校"到"大学"的现代学制体系；提出以关注学生真实生活的实用性需求为目标。

然而，进入 21 世纪，信息技术的高速发展给人类带来关于知识学习的挑战。第一个挑战是知识爆炸带来的海量知识增加，"把一切的知识教给一切的人"这个基本的课程假设不再成立。第二个挑战是知识爆炸带来知识更新加快，很多知识在学校课程教学中已经被新知识淘汰。第三个挑战是人工智能的出现，改变了人类的学习方式。

面对知识学习的变化，世界各国开始探索"素养教育"理念。经济合作与发展组织在 1997 年提出了人的核心素养模型，认为教育的价值更加注重人的核心素养体系建构与核心素养发展这一目标。2014 年，教育部出台《关于全面深化课程改革落实立德树人根本任务的意见》，指出要坚持系统设计，整体规划育人各个环节的改革，整合利用各种资源，统筹协调各方力量，实现全科育人、全程育人。同时，基于学科核心素养发展的课程标准改革启动。2018 年，教育部颁布了基于学科核心素养编制的高中各学科课程标准和课程方案，明确学生学习学科课程后应达成的正确价值观念、必备品格和关键能力，从知识与技能、过程与方法、情感态度价值观三维目标落实核心素养教育。

在"素养教育"理念的推动下，以学生为中心的教育思想对课堂教学产生深度影响。例如，"翻转课堂"教学法、基于"互联网+"的"线上线下混合式教学法"、注重学生学习成效的"BOPPPS"教学法等。教学评价也逐步成为教学设计的必备环节。

1.1.3 未来学习特征

未来的学习必然与信息技术和人工智能密切相关，我们从学习方式、能力培养和智

---

① 杨志成. 面向未来：课程与教学的挑战与变革[J]. 课程・教材・教法，2021，41（02）：19-25.

能技术支持三个方面勾勒学习的未来图景。[①]

1. 从线下的传统学习到混合式、个性化的大规模学习

2020 年，Kaltura 公司（全球开源视频公司）对 1 400 名教育工作者的调查结果显示，大多数人表示未来的教室将采取以自定步调和个性化学习为中心的学习方式。未来学习将允许学生根据个人兴趣选择自己的学习节奏和学习目标，也可以由人工智能、智能辅学机器人等引导完成相关选择。

2. 从单一学科知识的培养到综合能力的提升

未来知识的获取和掌握将是多元的和跨学科的。综合能力作为适应性学习的目标，对应未来社会对人才全面发展的需求。现代社会是流动的、开放的、充满不确定性的，未来人类需要在更复杂的情境中完成更多非常规的认知任务，这就需要综合运用各类知识与技能，个体也将在技能、态度、情感与价值观等的养成与取向上接受考验。要建立人才培养与劳动力市场需求之间正向的反馈循环关系，逐步化解未来技能需求和能力培养差距的问题。

3. 从传统教学决策和场景到人工智能技术和由数据驱动的适应性评价

在大数据时代，教育过程中的一切行为都可以转化为教育大数据，数据的产生完全是过程性的，有可能去关注每个学生个体的微观表现。有效、全面、精准的学习评价是构建适应性学习服务的前提条件。随着数据的积累，学生将获得更多由人工智能推荐的复杂作业和补充内容，以补充课堂学习，教师则可以利用更大的数据集和实时分析，为学生创造更个性化的学习体验。

1.2　现代教师职业

1.2.1　"教师教育"理念下的卓越教师培养

我国传统的教师培养基于"师范教育"理念，但 2008 年教育部《教师教育课程标准》的颁布标志着教师培养转向"教师教育"理念。在"师范教育"理念下，教师重视理论知识传授，但进入信息社会后，"重理论，缺技能"的师范生并不能满足社会所需。在"教师教育"理念下，"实践取向"成为《教师教育课程标准》中最重要的基本理念。这一理念的提出，主要针对我国教师教育课程中存在着弱化教育实践环节、轻视教师自身实践经验、忽视基础教育改革实践等问题。"实践取向"的核心作用体现在：一是教师教育课程应引导未来教师参与和研究基础教育改革，主动建构教育知识，发展实践能力；二是教师教育课程应引导在职教师发现和解决实际问题，创新教育教学实践，

[①] 刘妍，胡碧皓，顾小清. 人工智能将带来怎样的学习未来——基于国际教育核心期刊和发展报告的质性元分析研究[J]. 中国远程教育，2021（06）：25-34，59.

形成个人的教学风格和实践智慧；三是教师教育课程应引导未来教师加强对自身实践的理解与反思、加强在课程学习中的实践体验，加强对实践问题的关注与研究。《教师教育课程标准》对"实践取向"理念的一个重要措施是延长教育实习时间至少18周。

"教师教育"理念起源于20世纪70年代的终身教育理论，师范生正式成为教师后，需要持续学习，"师范教育"从内涵上只覆盖职前培养阶段，培养工作由师范院校负责。从教师职业生涯发展和教师职业多元化角度看，"师范教育"无法适应新时代我国培养教师的需要。世界各国逐步采用"教师教育"指称"师范教育"。例如，澳大利亚1999年的《21世纪教师》文件，英国2001年的《教学与学习专业发展战略》文件，美国的《国家为培养21世纪的教师做准备》和《明日之教师》报告，都提出教师专业发展。

"教师教育"的提出，意味着教师专业发展观的变化，将教师的职前培养、入职教育和在职培训连成一体，将教师教育过程视为一个可持续发展的终身教育过程，体现了教师教育连续性、一体化与可持续发展的特征，也是教师走向专业化的一个重要标志。[①]

由"师范教育"转向"教师教育"对我国教育有着深刻的意义，而《教师教育课程标准》体现的是国家对教师教育机构设置教师教育课程的基本要求，是教师教育机构制定教师教育课程方案、开发课程资源、实施教学、管理与评价的依据。因此，《教师教育课程标准》的制定和实施经历了长时间的严谨论证。

2001年，《国务院关于基础教育改革与发展的决定》首次用"教师教育"的概念取代了长期使用的"师范教育"概念，提出"完善以现有师范院校为主体、其他高校共同参与、培养培训相衔接的开放的教师教育体系"。2004年，教育部启动教师教育课程标准研制工作，由教育部人文社会科学重点研究基地华东师范大学课程与教学研究所牵头完成，在2006年采用德尔斐法，征求49位专家意见形成《教师教育课程标准（第一次送审稿）》。2011年，教育部正式颁发《教师教育课程标准（试行）》（教师〔2011〕6号）。

我国卓越教师培养理念正式全面推进是在党的十九大后，党的十九大报告指出，"中国特色社会主义进入新时代，我国社会主要矛盾已经转化为人民日益增长的美好生活需要和不平衡不充分的发展之间的矛盾"。这一伟大论断解答了"如何才能办好人民满意的教育？"核心问题。新时代办好人民满意的教师教育重点是要解决该领域发展的不平衡、不充分问题，以满足人民美好生活需要为发展目标。卓越教师的职前培养目标是卓越教师候选人，具有卓越潜质的师范生[②]，以适应社会发展对教师提出的新要求。

国家出台的一系列关于教师培养的政策刻画了教师专业发展工作的进展。2010年，《国家中长期教育改革和发展规划纲要（2010—2020年）》明确指出，要深化教师教育改革，创新培养模式，造就专业化教师队伍。2012年，《教育信息化十年发展规划（2011—2020年）》明确指出要推进信息技术与教学融合，促进教师专业化发展。2014年，《关于实施卓越教师培养计划的意见》颁布。2018年，《中共中央 国务院关于全面

---

① 胡惠闵，崔允漷.《教师教育课程标准》研制历程与问题回应[J]. 全球教育展望，2012，41（06）：10-21.

② 孙泽平，徐辉，漆新贵. 卓越教师职前培养机制：逻辑与现实的双重变奏[J]. 中国教育学刊，2016（12）：80-84.

深化新时代教师队伍建设改革的意见》发布；2 月，教育部等五部门印发《教师教育振兴行动计划（2018—2022 年）》；10 月，教育部印发《关于实施卓越教师培养计划 2.0 的意见》。

对于教师"卓越"的内涵，不少学者进行了研究，例如，基于标准本位培养解决问题的，或基于社会正义培养卓越意识的。[①] 其实，"教书育人"是教师的职业本分，要"教书"必须在学科专业上追求卓越，"育人"则教师必须"师德为先"，具有教育情怀，在思想上追求卓越。无论是意识还是解决问题导向，两者都不是对立的，具有相辅相成的关系。

1.2.2　教师专业发展

在新时代"教师教育"理念下，教师是一种终身的、连续的职业，教师工作的过程同时也是不断学习提高的过程。在宏观上，要将整个教师教育的过程，即职前培养、入职教育和职后培训视为教师专业发展体系中互相联系、全面贯通、连续统一的整体，建立一个各阶段相互衔接、相互支撑和补充的教师教育体系，即"职前与职后的一体化"。当前此项一体化工作由各地教师发展中心负责。

既然"教师教育"是终身教育，那么职前的《教师教育课程标准》与职后的《教师专业标准》，以及现在执行的《教师资格证书实施条例》是什么关系？卓越教师应该持续学习什么，具备什么样的知识结构？

进入知识经济时代，"师范院校"培养模式向"师范专业"培养模式转变，办学单位增加综合性大学，使传统师范院校必须改革，建立比综合性大学更有特色、更有质量的职前教师培养模式。综合性大学的非师范优势教育资源，给师范专业注入新的源泉，例如，专业知识的前沿性、更好的实践条件、灵活多样的技能训练等。为保证在不同类型大学培养的职前教师人才质量，必须建立以职后教师岗位为基准的培养标准，《教师教育课程标准》起到了对职前教师培养规格的标准约束，使各类高校培养师范生有章可循。而《教师资格证书实施条例》给出了师范生就业标准，尤其加大了对授课等职业能力的考核，同时通过竞争有效支持了卓越教师培养相关文件的落地，把好教师职业岗位入口关。

不管处于职前职后哪个阶段，要达到卓越教师要求，教师都必须强化"反思实践"。20 世纪 80 年代，美国马萨诸塞工科大学哲学教授唐纳德·舍恩在《反思性实践家——专家如何思考实践过程》中提出"反思性实践者"这一理念。教师的卓越除了持续积累新知识，还必须把知识与实践相结合，并通过教学实践验证，反复"实践—反思—实践"的过程，不断补充新知识。由于教师教学实践环境和学生对象的差异，并没有对所有教师适用的方法和技术，教师要学习基本的方法和技术，通过反思和实践，形成自

---

① 卢新伟，程天君."卓越教师"话语：流变·分殊·融合[J]. 教育学报，2020，16（04）：46-53.

身独特的教学风格。教师培养过程由职前培养走向终身发展培养的渠道，由单一封闭走向多元、开放，教师形象由"忠实执行者"走向"反思性实践者"。[①]

在未来人工智能技术主宰的新时代，教师还必须掌握人工智能相关的素质。2020年，联合国教科文组织教育信息技术研究所（UNESCO IITE）发布报告《教育中的人工智能：以学习的速度改变》，认为未来教师首先要具有两种和人工智能协作的能力，一是构建人工智能学习环境，二是开展相应的智能化教育评估。

美国科学家尼克·波尔森和詹姆斯·斯科特将人与智能机器协作共事的能力，定义为"人工智能商数"（Artificial Intelligence Quotient，AIQ），[②]认为未来教育的目标就是培养掌握该种思维方式的劳动者。未来教师应该是善于运用人工智能的教师，同时还要找到自己无可替代的工作价值，如关注学生的认知、情感和行为等综合素养的养成，致力于学生人工智能商数的提高。

对于卓越教师的知识结构研究，最具代表性的是舒尔曼提出的PCK（Pedagogical Content Knowledge）教师知识结构模型，即整合学科内容知识与教学法知识的教师知识结构模型。2001年，Pierson提出TPCK，指的是技术辅助的PCK，是教师教特定年级特定科目所需的一套多领域的知识和技能。2005年，Niess提出TPCK是包含发展中的学科知识、发展中的技术知识和发展中的教与学的知识等多领域知识的一种策略性的思维方式，是对技术如何支持教学和学习的一种创造性思维。这将TPCK从一个静态的概念演变成为一个动态的概念。2007年，Thompson和Mishra提出TPACK，即教师知识框架（Technological Pedagogical and Content Knowledge）。

TPACK框架包含三个核心要素，即学科内容知识（CK）、教学法知识（PK）和技术知识（TK），包含四个复合要素，即学科教学知识（PCK）、整合技术的学科内容知识（TCK）、整合技术的教学法知识（TPK）、整合技术的学科教学知识（TPACK），以及境脉因素（Context）。[③]TPACK框架主要表现出以下三大特性。[④]

第一，复杂性。TPACK是一种结构复杂、松散耦合的知识框架，即学科内容知识、教学法知识和技术知识三个核心要素之间，既相互联系，又彼此独立。

第二，互动性。TPACK三个核心要素双向互动，技术知识受到学科内容知识和教学法知识的影响，反过来也作用于学科内容知识和教学法知识。

第三，平衡性。TPACK三个核心要素、四个复合要素和一个外围要素相互作用，形成一种动态的平衡。这种平衡态会随着任何一个要素的改变而被打破，随之而来的就是平衡态的重建和维持，如此循环往复。

---

①　钟启泉，王艳玲. 从"师范教育"走向"教师教育"[J]. 全球教育展望，2012，41（06）：22-25.
②　于晓雅. 何以成为高人工智能商数的未来教师[J]. 中国民族教育，2021（03）：21.
③　AACTE. Handbook of technological pedagogical content knowledge（TPCK）for educators[M]. New York：Routledge，2008.
④　徐鹏，张海，王以宁，刘艳华. TPACK国外研究现状及启示[J]. 中国电化教育，2013（09）：112-116.

1.3　人工智能时代信息技术教师

1.3.1　信息技术学科发展历史

相比国外发达国家，我国的中小学信息技术教育起步较晚，从 20 世纪 80 年代初开始，大致经历了四种形式——课外活动、活动课、计算机教育、信息技术教育，经过 30 多年的发展，积累了丰富的经验。按照发展的规模，该课程的发展过程可分为以下四个阶段。

1. 起步与试验阶段

这一阶段的时间跨度是从 20 世纪 70 年代末到 80 年代初。

1981 年，在瑞士召开的第三次世界计算机教育应用大会上，苏联学者伊尔肖夫的报告《程序设计是第二文化》，把阅读和写作能力看作第一文化，把阅读和编写计算机程序的能力比喻为第二文化。他指出，随着计算机的发展和普及，人类只有第一文化是不够的，还必须掌握阅读和编写计算机程序的能力，并预言在不远的将来，通常的程序设计将被每个人所掌握。"计算机文化论"由此形成，程序设计也得以确立其在计算机教育中的重要地位。

我国政府积极响应，并根据此次大会精神，在有条件的中小学逐步开展计算机教育试验。1978 年到 1981 年期间，我国中学计算机教育主要通过各学校自发探索，采取的主要形式是校内课外兴趣小组及校外学习小组，教育内容主要为基本的 BASIC 语言及简单的编程。最早开展这些活动的组织包括上海儿童活动中心、青少年科技活动站，以及北京景山学校等。1982 年，根据世界中小学计算机教育的发展需求和趋势，教育部决定在清华大学、北京大学、北京师范大学、复旦大学和华东师范大学五所大学的附属中学试点开设 BASIC 语言选修课。自此，计算机课程正式进入中小学，这意味着我国中小学计算机课程和计算机教育的开端。1982 年至 1983 年，我国中学计算机选修课的主要内容包括 BASIC 语言及简单的编程，另外涉及少量的计算机发展史及计算机在现代社会中的作用、计算机的基本原理等基础知识。

1984 年，国家教委（全称为中华人民共和国国家教育委员会，是主管全国教育事业的国务院原组成部门，是教育部的前身）颁布了《中学电子计算机选修课教学纲要（试行）》（下简称"1984 纲要"），其中规定计算机选修课的目的为：初步了解计算机的基本工作原理和它对人类社会的影响；掌握基本的 BASIC 语言并初步具备读、写程序和上机调试的能力；逐步培养逻辑思维和分析问题、解决问题的能力。依据以上目的，选修课的内容除简单的计算机基本工作原理以外，主要是 BASIC 语言；课时为 45～60 小时，其中至少要有三分之一课时保证学生上机操作。可以看出，"1984 纲要"充分体现了对计算机语言学习及与之相关的逻辑思维能力培养的重视。

在这一阶段，我国中学计算机课程从无到有，开展了重点试验，几年间不少中小学相继配备了计算机，开设了选修课或开展课外活动，编写教材，探索教学方法，撰写论文，开展学术交流活动，使中学计算机教学的研究逐步深入。

2. 逐步发展阶段

这一阶段的时间跨度是从20世纪80年代中后期到90年代。

随着信息技术的发展，人们认识到必须学会使用计算机，但不是必须学会编程。在1985年召开的第四届世界计算机教育大会上，许多教育专家提出应当把计算机作为一种工具来应用，普及计算机教育就是把计算机作为一种资源、一种工具来掌握，这一观点得到普遍的认同，"计算机工具论"由此形成。

这一阶段，我国的计算机教育也逐步发展起来，邓小平提出了"计算机普及要从娃娃抓起"的号召，对计算机教育起到了巨大的推动作用，全国掀起了在中小学推广计算机教育的高潮。《普通中学电子计算机选修课教学大纲（试行）》和《中小学计算机课程指导纲要（试行）》先后推出。

1987年《普通中学电子计算机选修课教学大纲（试行）》（下简称"1987大纲"）规定计算机课程的教学目的与要求是：使学生初步了解电子计算机在现代社会中的地位和作用，锻炼学生应用电子计算机处理信息的能力，提高学生逻辑思维能力及创造性思维能力。通过电子计算机选修课的教学，要求学生初步了解电子计算机的基本工作原理及系统构成；会用一种程序设计语言编写简单程序；初步掌握电子计算机的操作，并了解一种应用软件的使用方法。

从"1987大纲"的描述可见，课程目标依然强调逻辑思维能力，但已经开始关注计算机使用能力、语言使用能力等。"1987大纲"规定的教学内容包括电子计算机概述、程序设计语言和电子计算机操作与应用。

就内容来看，"1987大纲"在"1984纲要"的基础上，借鉴吸收了国内外电子计算机教学方面的有益经验，根据我国普通中学的实际情况对"1984纲要"进行了必要的调整，保留了"1984纲要"中的基本内容，适当降低了对程序设计技巧部分的要求，增加了电子计算机应用方面的内容。实际上，这一时期计算机教学在理论宣传上已经开始强调应用，但限于当时硬件设备、应用软件、师资力量等具体条件，在教学内容的规定上仍然以BASIC语言为主，相应增加了应用软件的相关内容。

1991年10月，国家教委召开了"第四次全国中小学计算机教育工作会议"，成立了"中小学计算机教育领导小组"，颁发了《关于加强中小学计算机教育的几点意见》的纲领性文件。这次会议是我国中小学计算机教育发展中的一个重要的里程碑，整个社会开始重视计算机普及教育，为学校开展计算机教育提供了良好的社会环境。根据本次会议的精神，全国中小学计算机教育研究中心制定了《中小学计算机课程指导纲要（试行）》（下简称"1994纲要"），并由国家教委基础教育司于1994年10月正式下发。

"1994纲要"对中小学计算机课程的地位、性质、目的和内容等做了比较详细的阐述，首次提出了计算机课程将逐步成为中小学的一门独立的知识性与技能性相结合的基础性学科的观点。在"计算机工具论"的影响下，在课程目标中明确了计算机的工具性定位，强调计算机技能、态度及道德等相关内容。"1994 纲要"规定了计算机课程内容包含的五个模块，包括计算机的基础知识、计算机的基本操作与使用、几个常用计算机软件介绍、程序设计语言，以及计算机在现代社会中的应用和对人类社会的影响。这五个模块成为各地编写教材、教学评估和考核检查的依据。

在"1994 纲要"中，对中学与小学计算机课程的教学目标分别进行规定，其中中学的教学目标为：认识计算机在现代社会中的地位、作用及对人类社会的影响。让学生了解电子计算机是一种应用十分广泛的信息处理工具，培养学生学习和使用计算机的兴趣；培养学生初步掌握计算机的基础知识和基本操作技能；培养学生逐步使用现代化的工具和方法去处理信息；培养学生分析问题、解决同题的能力，发展学生的思维能力；培养学生实事求是的科学态度和刻苦学习、克服困难的良好意志品质，进行使用计算机时的道德品质教育。

3. 快速发展阶段

这一阶段的时间跨度是从 20 世纪 90 年代初到 20 世纪末。

1997 年《中小学计算机课程指导纲要（试行）》（下简称"1997 纲要"）颁布，这标志着中小学计算机教育发展到了另一个阶段。"1997 纲要"进一步明确了中小学计算机课程的地位、目的、教学内容和教学要求等。其中规定：

① 小学计算机课的教学应以计算机简单常识、操作技能和益智性教学软件为重点。计算机学科本身的教学内容和课时不宜过多，一般为 30 个课时，最多不宜超过 60 个课时。如果有条件增加课时，建议把教学重点放在计算机辅助教学或计算机应用上。建议在四、五年级开设小学计算机课程。

② 初中计算机课的教学以计算机基础知识和技能性训练、操作系统、文字处理或图形信息处理为主。一般为 60 个课时，建议在初一或初二年级开设。

③ 在小学和初中阶段不宜教程序设计语言。如果要开展 LOGO 语言教学，应以绘图、音乐等功能作为培养学生兴趣和能力的手段来进行教学。

④ 高中计算机课程要以操作系统、文字处理、数据库、电子表格、工具软件的操作使用为主。程序设计可作为部分学校及部分学生的选学内容。一般不少于 60 个课时，建议在高一或高二年级开设。

⑤ 考虑到各地、各校及每个学生在中学阶段学习计算机的起点不同，在相当长时期，初中和高中的教学内容很难彻底分开，因此允许有交义重复。

⑥ 考虑到我国经济与教育发展非常不平衡，教学内容仍宜采用"以模块为主，兼顾层次"的方法，各地可根据自身的师资、设备条件选取不同的模块和层次。

随着对计算机认识的加深，课程目标也趋向重视信息意识，强调信息能力及合作精神。以高中阶段为例，课程目标是：使学生了解计算机在现代社会中的地位、作用及对人类社会的影响，培养学生学习和使用计算机的兴趣及利用现代化的工具与方法处理信息的意识；使学生掌握计算机的基础知识，具备比较熟练的计算机基本操作技能；培养学生利用计算机获取信息、分析信息和处理信息的能力；培养学生实事求是的科学态度、良好的计算机使用道德及与人共事的协作精神等。

在"1997纲要"中，中学计算机课程的教学内容包括10个模块，分为基本模块、基本选学模块和选学模块3个层次。

① 基本模块

模块1：计算机基础知识与基本操作。

模块2：微机操作系统（包括DOS和Windows）的操作与使用。

模块3：汉字输入及中西文文字处理。

② 基本选学模块

模块4：数据处理与数据库管理系统。

模块5：电子表格。

模块6：LOGO绘图。

模块7：多媒体基础知识及多媒体软件应用。

模块8：Internet基础知识与基本操作。

③ 选学模块

模块9：常用工具软件的应用。

模块10：程序设计初步。

4. 全面深化阶段

这一阶段的时间跨度是20世纪末至今。

伴随信息技术的飞速发展，"信息素养"一词逐渐走进人们的视野，在计算机教育领域日渐升温，在基础教育、终身教育等领域也得到较多的关注，人们围绕这一名词进行了广泛的探讨。在此过程中，计算机教育开始向信息技术教育转型，培养信息素养逐渐成为信息技术教育的目标。

1999年，在国家层面的几个相关文件中，开始出现"信息技术课程（教育）"的字样。例如，1999年6月13日，中共中央、国务院在《关于深化教育改革全面推进素质教育的决定》（中发〔1999〕9号）中要求"在高中阶段的学校和有条件的初中、小学普及计算机操作和信息技术教育"（第十五条）。1999年11月26日，教育部基础教育司发出《关于征求对〈关于加快中小学信息技术课程建设的指导意见（草案）〉修改意见的通知》。这些举措实际上已经暗示了由计算机教育转向信息技术教育这一趋势。

2000年10月，在北京召开了"全国中小学信息技术教育工作会议"，时任教育部部长陈至立做了题为"抓住机遇，加快发展，在中小学大力普及信息技术教育"的重要报告。会议讨论了《关于在中小学普及信息技术教育的通知》《关于在中小学实施"校校通"的通知》和《中小学信息技术课程指导纲要（试行）》三个重要文件，并于会后将其作为正式文件下发全国，自此中小学信息技术课程在我国诞生，这意味着计算机课程向信息技术课程的转变。正是在这个意义上，2000年被称为信息技术课程的"元年"。

这次会议还决定，从2001年开始用5～10年的时间，在中小学（包括中等职业技术学校）普及信息技术教育，全面启动中小学"校校通"工程；用5～10年时间，使全国90%左右的独立建制的中小学能够与CERNET和Internet或中国教育卫星宽带网连通。会议还决定将信息技术教育课程列为中小学生的必修课程，并指出中小学信息技术课程的主要任务是：培养学生对信息技术的兴趣和意识，让学生了解和掌握信息技术的基本知识和技能，了解信息技术的发展及其应用对人类日常生活和科学技术的深刻影响，通过信息技术课程使学生具有获取信息、传输信息、处理信息和应用信息的能力。教育学生正确认识和理解与信息技术相关的文化、伦理和社会等问题，负责任地使用信息技术；培养学生良好的信息素养，把信息技术作为终身学习和合作学习的手段，为适应信息社会的学习、工作和生活打下必要的基础。

在这次大会发表的文件中，"信息技术课程"取代了"计算机课程"，并对"信息技术教育"做了详细的阐述，意味着该课程已成为基础教育中基础文化的一部分，这是一个质的飞跃。在国家教育政策方面，2003年，教育部颁布了《全日制普通高中信息技术课程标准（审定稿）》，在 2017年又颁布了《普通高中信息技术课程标准》，这昭示着我国的信息技术课程正以良好的态势向前发展。

1.3.2　信息技术课程标准

1. 中小学信息技术课程指导纲要

《中小学信息技术课程指导纲要（试行）》（下简称"指导纲要"）规定了中小学信息技术课程的主要任务，小学、初中、高中各学段的教学目标，教学内容和课时安排，以及教学评价的基本原则等。例如，中小学信息技术课程的主要任务是："培养学生对信息技术的兴趣和意识，让学生了解和掌握信息技术基本知识和技能，了解信息技术的发展及其应用对人类日常生活和科学技术的深刻影响。通过信息技术课程使学生具有获取信息、传输信息、处理信息和应用信息的能力，教育学生正确认识和理解与信息技术相关的文化、伦理和社会等问题，负责任地使用信息技术；培养学生良好的信息素养，把信息技术作为支持终身学习和合作学习的手段，为适应信息社会的学习、工作和生活打下必要的基础。"

在课时安排方面，"指导纲要"规定，小学阶段信息技术课程，一般不少于68个学时；初中阶段信息技术课程，一般不少于68个学时；高中阶段信息技术课程，一般为70～140个学时。上机课时不应少于总学时的70%。

义务教育阶段信息技术课程的内容有以下几个方面。

（1）小学

模块 1：信息技术初步

① 了解信息技术基本工具的作用，如计算机、雷达、电视、电话等。

② 了解计算机各个部件的作用，掌握键盘和鼠标的基本操作。

③ 认识多媒体，了解计算机在其他学科学习中的一些应用。

④ 认识信息技术相关的文化、道德和责任。

模块 2：操作系统简单介绍

① 汉字输入。

② 掌握操作系统的简单使用。

③ 学会对文件和文件夹（目录）的基本操作。

模块 3：用计算机绘画

① 绘图工具的使用。

② 图形的制作。

③ 图形的着色。

④ 图形的修改、复制、组合等方面的处理。

模块 4：用计算机写文章

① 文字处理的基本操作。

② 文章的编辑、排版和保存。

模块 5：网络的简单应用

① 学会用浏览器收集材料。

② 学会使用电子邮件。

模块 6：用计算机制作多媒体作品

① 多媒体作品的简单介绍。

② 多媒体作品的编辑。

③ 多媒体作品的展示。

（2）初中

模块 1：信息技术简介

① 信息与信息社会。

② 信息技术应用初步。

③ 信息技术发展趋势。

④ 信息技术相关的文化、道德和法律问题。

⑤ 计算机在信息社会中的地位和作用。

⑥ 计算机的基本结构和软件简介。

模块 2：操作系统简介

① 汉字输入。

② 操作系统的基本概念及发展。

③ 用户界面的基本概念和操作。

④ 文件和文件夹（目录）的组织结构及基本操作。

⑤ 操作系统简单的工作原理。

模块 3：文字处理的基本方法

① 文本的编辑、修改。

② 版式的设计。

模块 4：用计算机处理数据

① 电子表格的基本知识。

② 表格数据的输入和编辑。

③ 数据的表格处理。

④ 数据图表的创建。

模块 5：网络基础及其应用

① 网络的基本概念。

② 因特网及其提供的信息服务。

③ 因特网上信息的搜索、浏览及下载。

④ 电子邮件的使用。

⑤ 网页制作。

模块 6：用计算机制作多媒体作品

① 多媒体介绍。

② 多媒体作品文字的编辑。

③ 作品中各种媒体资料的使用。

④ 作品的组织和展示。

模块 7：计算机系统的硬件和软件

① 数据在计算机中的表示。

② 计算机硬件及基本工作原理。

③ 计算机的软件系统。

④ 计算机安全。

⑤ 计算机使用的道德规范。

⑥ 计算机的过去、现在和未来。

教学评价必须以教学目标为依据，本着对发展学生个性和创造精神有利的原则进行。教学评价要重视教学效果的及时反馈，评价的方式要灵活多样，要鼓励学生创新，主要采取考查学生实际操作或评价学生作品的方式。中学要将信息技术课程列入毕业考试科目。考试实行等级制。有条件的地方可以由教育部门组织信息技术的等级考试的试点工作。在条件成熟时，也可考虑将其作为普通高校招生考试的科目。

"指导纲要"规范而具有灵活性，在强调对课程全面规范的同时，又通过教学内容的模块化、在保证基本课时的前提下具有弹性、教学评价方式多样性等适度给予灵活处理的余地，使各地可以根据"指导纲要"及实际情况，制定教学大纲，选择教学内容，安排课时，确定评价方式，开展信息技术教育，做到"下保底，上不封顶"，为各地因地制宜，积极发挥优势、开展信息技术教育提供了条件；"指导纲要"重视能力培养，在课程任务和教学目标的阐述中，着重强调了对学生获取、传输、处理和应用信息能力的培养，利用信息技术进行学习和探究的能力的培养，以及创新精神和实践能力的培养。"指导纲要"重视人文、伦理、道德和法制教育，明确指出了要"教育学生正确认识和理解与信息技术相关的文化、伦理和社会问题"。

2. 普通高中信息技术课程标准

（1）高中信息技术课程理念

高中信息技术课程坚持立德树人的课程价值观，围绕信息技术学科核心素养，精炼学科大概念，吸纳学科领域的前沿成果，构建具有时代特征的课程内容。通过丰富多样的任务情境，鼓励学生在数字化环境中学习与实践，将知识积累、技能培养与思维发展融入运用数字化工具解决问题和完成任务的过程中。课程强调为学生提供多样的学习机会，让学生参与信息技术支持的沟通、共享、合作与协商，体验知识的社会性建构，理解信息技术对人类社会的影响，提高他们参与信息社会的责任感与行为能力，从而成为具备信息素养的公民。

（2）高中信息技术课程目标

互联网使得信息的双向传播变得更加快速便捷，越来越多的人使用互联网进行协作，产生了大量的数字化信息。与此同时，可穿戴设备正在实时地捕捉个体的大量信息，智能物联网正在让线上的数据分析直接反馈到线下的智能设备上，让物理空间变得更加智能化、个性化。人工智能在机器学习与深度学习方面也有了进展。随着信息技术的普及，信息技术教育内容正在从工具操作层面转变为帮助学生树立正确的价值观、具有必备的品格和发展关键能力，提升其适应信息化时代的能力，从而符合新时代对"具有信息素养的人"的基本诉求。

在新技术环境下，高中信息技术课程目标是针对"数字原住民"向"数字公民"发展的需要，在综合考虑信息技术学科核心素养和学科大概念的基础上，按照学生认知能力所确定的学科育人目标；是学生在信息技术学科学习过程中形成的基础知识、关键能力和情感态度与价值观等方面的综合表现。

《普通高中信息技术课程标准》（2017版）对课程目标的描述是：高中信息技术课程旨在全面提升全体高中学生的信息素养。课程通过提供技术多样、资源丰富的数字化环境，帮助学生掌握数据、算法、信息系统、信息社会等学科大概念，了解信息系统的基本原理，认识信息系统在人类生产与生活中的重要价值，学会运用计算思维识别与分析问题，抽象、建模与设计系统性解决方案，理解信息社会特征，自觉遵循信息社会规范，在数字化学习与创新过程中形成对人与世界的多元理解力，负责、有效地参与到社会共同体中，成为数字化时代的合格中国公民。

（3）高中信息技术课程结构

按照《普通高中课程方案（2017年版）》设置的课程结构，为满足不同学生的学习需求，高中信息技术课程由必修、选择性必修和选修三类课程组成。在此基础上，依据学科逻辑特征和高中学生的学习需求设计体现时代性、基础性、选择性和关联性的课程模块。课程模块的设计既强调构建我国高中阶段全体学生信息素养的共同基础，关注系统性、实践性和迁移性，也注重拓展学生的学习兴趣，提升课程内容的广度、深度和问题情境的复杂度，为学科兴趣浓厚、学科专长明显的学生提供具有挑战性的学习机会。高中信息技术课程模块如表1-4所示。

表 1-4 高中信息技术课程模块

类　别	模块设计	
必修	模块1：数据与计算 模块2：信息系统与社会	
选择性必修	模块1：数据与数据结构 模块2：网络基础 模块3：数据管理与分析	模块4：人工智能初步 模块5：三维设计与创意 模块6：开源硬件项目设计
选修	模块1：算法初步 模块2：移动应用设计	

① 高中信息技术必修课程。

高中信息技术必修课程是全面提升高中学生信息素养的基础，强调信息技术学科核心素养的培养，渗透学科基础知识与技能，是每位高中学生必须修习的课程，是选择性必修和选修课程学习的基础。高中信息技术必修课程包括"数据与计算"和"信息系统与社会"两个模块。

必修模块1：数据与计算。

在综合分析学生认知能力、社会发展需要和学科特征的基础上，数据与计算模块按照"明晰核心概念—突出学科方法—关注工具应用—促进素养形成"的思路，从数据与信息、数据处理与应用、算法与程序实现三个方面构成本模块的内容结构，如图1-1所示。

必修模块2：信息系统与社会。

在综合分析学生认知能力、社会发展需要和学科特征的基础上，信息系统与社会模块按照"感知信息社会—理解信息系统—树立信息社会责任"的思路，从信息社会特征、信息系统组成与应用、信息安全与信息社会责任三个方面构成本模块的内容结构，如图1-2所示。

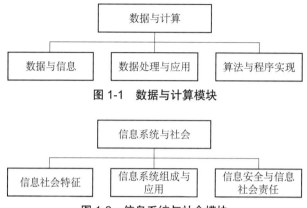

图 1-1　数据与计算模块

图 1-2　信息系统与社会模块

② 高中信息技术选择性必修课程。

高中信息技术选择性必修课程是根据学生升学、个性化发展需要而设计的，分为升学考试类课程和个性化发展类课程。选择性必修课程旨在为学生将来进入高校继续开展与信息技术相关方向的学习及应用信息技术进行创新、创造提供条件。选择性必修课程包括"数据与数据结构""网络基础""数据管理与分析""人工智能初步""三维设计与创意""开源硬件项目设计"六个模块。其中，前三个模块是为学生升学需要而设计的课程，后三个模块是为学生个性化发展而设计的课程，学生可根据自身的发展需要选学。

选择性必修模块1：数据与数据结构。

结合最新的技术发展态势、数据结构的经典内容，并综合分析学生的认知能力、社会发展需要和学科特征，以突出学科思维、促进学科核心素养全面形成为导向，本模块包括数据及其价值、数据结构、数据结构应用三部分内容，如图1-3所示。

图 1-3　数据与数据结构模块

选择性必修模块2：网络基础。

结合网络技术的经典内容和最新的技术发展，以及学生未来适应信息社会所应具备的网络知识与能力，以信息技术学科核心素养为指导，本模块设计了网络基本概念、网络协议与安全、物联网三部分内容，如图1-4所示。

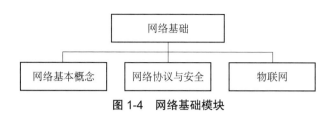

图 1-4　网络基础模块

选择性必修模块 3：数据管理与分析。

在综合分析学生认知能力、社会发展需要和学科特征的基础上，数据管理与分析模块按照解决真实问题的逻辑线索，突出学科思维，促进全面素养形成的思路，选择内容与组织结构。本模块包括数据需求分析、数据管理、数据分析三部分内容，如图 1-5 所示。

图 1-5　数据管理与分析模块

选择性必修模块 4：人工智能初步。

在综合分析学生认知能力、国家对中小学开设人工智能相关课程的要求及学科特征的基础上，人工智能初步模块设置了人工智能基础、简单人工智能应用模块开发、人工智能技术的发展与应用三部分内容，如图 1-6 所示。

图 1-6　人工智能初步模块

选择性必修模块 5：三维设计与创意。

通过本模块的学习，学生能够理解基于数字技术进行三维图形和动画设计的基本思想和方法，能够结合学习与生活的实例设计并发布三维作品，体验利用数字技术进行三维创意设计的基本过程和方法。本模块包括三维设计对社会的影响、三维作品设计与创意、三维作品发布三部分内容，如图 1-7 所示。

图 1-7　三维设计与创意模块

选择性必修模块6：开源硬件项目设计。

通过本模块的学习，学生能搜索并利用开源硬件及相关资料，体验作品的创意、设计、制作、测试、运行的完整过程，初步形成以信息技术学科方法观察事物和问题的能力，提升计算思维与创新能力。本模块包括开源硬件的特征、开源硬件项目流程、基于开源硬件的作品设计与制作三部分内容，如图1-8所示。

图 1-8　开源硬件项目设计模块

③ 高中信息技术选修课程。

高中信息技术选修课程是为满足学生的兴趣爱好、学业发展、职业选择而设计的自主选修课程，为学校开设信息技术校本课程预留空间。选修课程包括"算法初步""移动应用设计"模块，以及各高中自行开设的信息技术类校本课程。

选修模块1：算法初步。

通过本模块的学习，学生应该理解利用算法进行问题求解的基本思想、方法和过程，掌握算法设计的一般方法；能描述算法，分析算法的有效性和效率，利用程序设计语言编写程序实现算法；在解决问题过程中能自觉运用常见的几种算法。在综合分析学生认知能力、社会发展需要和学科特征的基础上，算法初步模块包括算法基础、常见算法及程序实现、算法应用三部分内容，如图1-9所示。

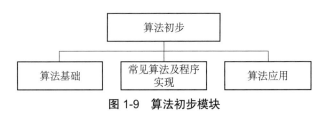

图 1-9　算法初步模块

选修模块2：移动应用设计。

通过本模块的学习，学生能够了解常用移动终端的功能与特征，形成移动学习的意识，掌握移动应用设计与开发的思想方法，根据需要设计适当的移动应用，创造性地解决日常学习和生活中的实际问题。本模块包括移动技术对社会的影响、移动应用功能设计与开发、移动应用中的信息安全三部分内容，如图1-10所示。

（4）学分与选课

高中信息技术必修课程的学分为3学分，每学分18课时，共54课时。必修课程是本学科学业水平合格性考试的依据，学生学完必修课程后，可参加高中信息技术学业水平合格性考试。

图 1-10　移动应用设计模块

学生在修满信息技术必修学分的基础上，可根据兴趣爱好、学业发展和职业方向，学习选择性必修和选修课程，发展个性化的信息技术能力或达到更高的学业水平。选择性必修和选修课程，每个模块为2学分，每学分18个课时，需36个课时。

选择性必修课程是对必修课程的拓展与加深，满足学生升学和个性化发展的需要。学生可根据能力、发展需要选学。选择性必修课程中的"数据与数据结构""网络基础""数据管理与分析"是本学科学业水平等级性考试的依据。学生修完这三个模块后，可参加高中信息技术学业水平等级性考试。选择性必修课程中的人工智能初步、三维设计与创意、开源硬件项目设计三个模块的修习情况应列为综合素质评价的内容。

选修课程体现了学科的前沿性、应用性，学生可根据自身能力、兴趣或需要自主选学。选修课程的修习情况应列为综合素质评价的内容。

（5）课程学业质量评价

学业质量是学生在完成本学科课程学习后的学业成就表现。学业质量标准是以本学科核心素养及其表现水平为主要维度，结合课程内容，对学生学业成就表现的总体刻画。依据不同水平学业成就表现的关键特征，学业质量标准明确将学业质量划分为不同水平，并描述了不同水平学习结果的具体表现。

高中信息技术学业质量水平是根据问题情境的复杂程度、相关知识和技能的结构化程度、思维方式、探究模式或价值观念的综合程度等进行划分的。高中信息技术学业质量水平一共有四级，每级水平主要表现为学生整合信息技术学科核心素养，在不同复杂程度的情境中运用各种重要概念、思维、方法和观念解决问题的关键特征。不同水平之间具有由低到高逐渐递进的关系。

学业质量评价是对学生信息技术课程学习结果的总结性评价，根据评价需求的不同，又可分为学业水平合格性考试和学业水平等级性考试。

① 高中信息技术课程学业水平合格性考试。

高中信息技术课程学业水平合格性考试是对学生高中阶段信息技术学科基础知识和基本技能掌握情况的标准参照考试，是面向全体高中学生的测试。学业水平合格性考试注重全面考查学生学习的广度，强调考试的知识覆盖面。高中信息技术学业水平合格性考试应重视对学生知识、技能和问题解决能力的考查，注重信息技术知识和技能在生产、学习、生活等方面的广泛应用，激发学生学习信息技术的兴趣，促进学科核心素养目标的达成。

根据学业水平合格性考试的性质和要求，高中信息技术学业水平合格性考试以必修课程的两个模块为基础，以信息技术学科核心素养水平1为目标制定评价方案，评价标准应依据必修课程的学业质量描述，结合当地学生的学习情况制定，通常达到学业质量水平2，即学业水平合格。

② 高中信息技术课程学业水平等级性考试。

高中信息技术课程学业水平等级性考试是由合格的高中毕业生和具有同等学力的考生参加的选拔性考试，主要用于学生升学，即为高校入学提供依据。高中信息技术课程学业水平等级性考试应具有较高的信度、效度、必要的区分度和适当的难度，应把对能力的考核放在首要位置。

根据高中信息技术课程学业水平等级性考试的性质和要求，考核内容建议以必修课程的两个模块和选择性必修课程中的数据与数据结构、网络基础、数据管理与分析三个模块为基础，选择既能体现信息技术学科核心素养，又能为高校培养信息技术人才打下基础的内容。制定评价标准时，应依据相应的学业质量水平为依据，并结合当地教学的实际情况合理设计。

1.3.3 信息技术教师核心素养

1. 信息技术教师培养挑战

（1）教育信息化实施新目标

近年来，国家对教育信息化建设的力度逐步增大。2018年《教育信息化2.0行动计划》要求高校和基础教育要把教育信息化作为教育系统性变革的内生变量，支撑引领教育现代化发展，推动教育理念更新、模式变革、体系重构，以信息化引领构建以学习者为中心的全新教育生态。《中国教育现代化2035》和《加快推进教育现代化实施方案（2018—2022）》提出大力推进教育信息化，着力构建基于信息技术的新型教育教学模式、教育服务供给方式及教育治理新模式。这是新时代广大信息技术学科教师新的历史使命，也必然对高校计算机师范专业培养卓越教师及中小学教师终身教育机制提出了挑战。

（2）信息技术学科发展新要求

我国的信息技术学科从20世纪60年代建立，是以"什么知识最有用"的简单实用主义作为依据，缺少对中小学生心智特征的研究和信息技术知识体系的系统研究。在信息社会，信息素养已成为人发展的要素。2016年《中国学生发展核心素养》提出信息素养、人文素养和科学素养在现代社会具有同等地位。因此，信息素养成为信息技术学科的发展理念，也给中小学和高校等育人主体带来新的要求。

首先是学习目标的变革。在《普通高中信息技术课程标准（2017年版）》中，信息素养指计算思维、数字化学习与创新、信息意识和信息社会责任。内容有数据计算、网络、算法等学科基础，也新增了三维设计、物联网、数据分析、人工智能等前沿学科内容，此外要培养学生价值体认、责任担当、问题解决、创意物化等方面的意识和能力。这是对学科培养信息素养的要求。

其次是教师能力的提升。《新一代人工智能发展规划》指出，中小学设置人工智能相关课程，逐步推广编程教育，建设人工智能学科。教育部《2019 年教育信息化和网络安全工作要点》明确将启动中小学生信息素养测评，推动在中小学阶段设置人工智能相关课程，逐步推广编程教育；同时推动大数据、虚拟现实、人工智能等新技术在教育教学中深入应用。这将推动卓越教师职前和职后教育体系改革，这是对学科师资力量的要求。

最后是实验资源的补充。目前，无论是中小学还是高校，都缺乏编程算法、三维设计、大数据、物联网和人工智能等教与学软件和硬件的新资源。这是对学科教育信息化技术服务支持的要求。

因此，合格的信息技术学科教师不仅要承担信息技术课程的教学和研究、学校实验室设备、校园网络的管理，还必须承担将信息技术与其他学科融合、推进校园教育信息化建设等任务。

2. 信息技术教师素养框架

教师专业具有双专业性质，即学科专业性和教育专业性。信息技术师范生应当既具备计算机专业知识和技能，又有教育、教学的知识和技能。王素坤在《计算机专业师范生教育职业能力培养研究》一文中，根据我国教育技术职业人员教育技术标准对中小学信息技术教师提出了基本要求：“掌握相关技术的知识和技能；运用技术支持教学资源和环境的建设；运用技术支持教学过程的优化；运用技术支持信息化管理；具有强烈的信息意识，自觉承担与技术相关的社会责任。”该文总结出信息技术师范生除具备信息技术学科教学能力外，还要具有信息化建设和信息化管理等辅助教学能力，并提出信息技术师范生教育职业能力结构应该由教学基本能力、教学设计能力、教学实践能力、教学研究能力和教学辅助能力组成，如表 1-5 所示。

表 1-5 信息技术师范生教育职业能力结构

教育职业能力结构	能力要求
教学基本能力	理解和掌握教育、教学的基本理论知识和基本技能，领会信息技术教育教学的规律、原则、方法，对信息技术教育有一个总体认识和把握
教学设计能力	掌握教学设计的基本理论与方法，能从信息技术教学内容和学生水平出发，科学合理地确定教学目标，选择适合的课堂教学组织形式、教学策略和方法，形成具体的教学活动方案，并依据设计方案进行教学实践和评价
教学实践能力	以信息技术教育、教学的理论与方法为指导开展教学活动，具备初步的信息技术教学技能和实验指导技能
教学研究能力	掌握教学研究的理论和方法，善于发现、分析和解决信息技术教学中的问题，能够运用教学理论与方法促进教学改革
教学辅助能力	能够建设和维护学校信息化教学环境，帮助学科教师制作教学课件和开发教学资源，促进信息技术与学科课程的整合

信息技术师范生能力培养的主要途径是实施全面的信息技术师范教育，拓展和完善现有信息技术教学论课程，建设与学生能力结构相匹配的课程体系，构建UGSO四位一体的协同培养模式。

1.3.4　STEM教师培养

STEM是一种以真实问题解决为目标，融合科学、技术、工程、数学或艺术等多学科，并以项目式学习为途径的学习策略。从1986年美国《本科的科学、数学和工程教育》报告开启STEM教育至今，实施STEM教育、增加国家竞争力已成为世界各国共识。[①] 在STEM教育需求增长下，STEM教师培养日益受到重视，但当前我国合格的STEM教师不到5%[②]，2025年欧洲将有700万个STEM相关工作岗位空缺[③]，STEM教师数量不足和质量不高是世界各国面临的共同挑战。信息技术教师的教师素养结构与STEM教师的要求基本一致，在国外从事STEM教师职业的人员专业中，信息技术或理工科专业占大多数；在国内，基础教育阶段担任STEM课程教学任务的大多数是信息技术师范生。

下面以知网（CNKI）国内近十年高水平STEM教师培养研究文献为对象，采用文献识别与收集、编码与科学计量分析的方法进行STEM教师培养调研，聚焦核心问题，探讨对策。因为STEM研究涉及多个学科，故以社科引文索引（CSSCI）期刊、科学引文数据库（CSCD）期刊、北大核心期刊作为高水平文献研究范围。

首先，STEM教育政策的推进逐步凸显教师培养与发展问题。国内较早开启与STEM教育相近的科学素养政策是《全民科学素质行动计划纲要（2006—2020年）》，但实施缓慢。受国外STEM教育发展影响，2010年在北京召开"科学、技术、工程和数学国际教育大会"，学术界开始关注STEM教育研究。从2016年起，STEM教育改革发展进入高速期，国务院发布《全民科学素养行动计划纲要实施方案（2016—2020年）》，鼓励学校及全社会共同努力推进STEM教育，《教育信息化"十三五"规划》强调信息技术与跨学科学习结合提升学生创新能力；2017年，《义务教育小学科学课程标准》增加技术与工程领域内容，同年中国教育科学研究院主办的首届STEM教育发展大会召开，发布首个《中国STEM教育白皮书》，启动"中国STEM教育2029创新行动计划"；2018年，第一个《STEM教师能力等级标准（试行）》[④]发布。伴随STEM课程的逐步实施，STEM教师短缺、素质不达标等问题浮现，STEM教师培养研究成为热点。

其次，教育改革促使STEM教师培养策略形成。第一，STEM教师专业能力的发展受到广泛重视。STEM教师要以国家课程标准为指导，与基础课程相结合，把握其跨学

① Krug D H. STEM Education and Sustainability in Canada and the United States：International Stem Conference，2012[C].

② 曾丽颖，任平，曾本友. STEAM教师跨学科集成培养策略与螺旋式发展之路[J]. 电化教育研究，2019，40（03）：42-47.

③ 孙维，马永红，朱秀丽. 欧洲STEM教育推进政策研究及启示[J]. 中国电化教育，2018（03）：131-139.

④ 中国教育科学研究院. STEM教师能力等级标准（试行）[S]. 2018.

科、跨领域的核心特征，以特定问题的解决关联各学科知识，培养学生综合能力。[①] "中国STEM教育2029创新行动计划"就提出加强跨学科背景的师资力量培养。第二，职前师范生教育受到关注。罗琪认为高等教育应增加与STEM教育相关的专业，实行跨院系的STEM教师培养模式，加强师范生实习阶段STEM实践训练。[②] 曾丽颖等提出STEAM教师跨学科集成培养策略，在这一策略中，除科学、技术、工程、数学外，增加了一项"艺术"（Art）。曾丽颖等人认为，可以让师范生在教育实践环节提供帮助中小学STEAM教师远程备课，制作中小学STEAM课程设计教案、课件等，实施STEAM跨学科教学设计实训，以增强其教学实战能力。[③] 第三，职前、职后贯通教师发展模式成为改革主方向。"中国STEM教育2029创新行动计划"提出要开展STEM种子教师万人培训计划，打造"大中小学为核心、政府干预、第三方积极协助"的STEM教师合作发展模式。[④] 杜文彬认为要积极推进"参与式"教师专业发展模式[⑤]，即以教师切身需求为培训主题，以教师系统自我反思作为发展路径，充分调动教师专业化成长的内在动机，使他们积极、主动、全面地介入专业发展过程和专业发展决策的发展方式。第四，STEM教师培养的公平问题。白逸仙认为跨学科、超学科STEM教育理念的挑战，对不同背景和水平的教师和非正式教育工作者而言，培养难度不同，要探究学习中的公平问题，给予公平和充分的综合性STEM教育培训和教育资源支持。[⑥]

最后，STEM教师研究成为热点，不少新理念、新方法和新实践涌现。樊雅琴提出一种STEM教师教育、教学能力评估指标体系，包括学科理解、教学方法、引导学生学习、了解学习者、学习环境、学习者评估、个人资质等维度，为提升教师水平，可建立教师学习社区，定期开展学科研讨会、联办课程、教学实验，进行教学评测和反思。[⑦] 林静认为STEM课程教学有效性可针对教学环境、教学资源、教学策略等因素，量化评价指标，过程性评估方式与表现性评估量表的制定应考虑不同教学场景的通用性、适配性。[⑧] 另外，基于JD-R理论可以发现，工作资源对STEM教师的工作具有积极的正面影响，尤其是单位和教学团队支持、工资水平、社会地位，工作要求则起到反向阻碍作用。[⑨]

① 曾宁，张宝辉，王群利. 近十年国内外STEM教育研究的对比分析——基于内容分析法[J]. 现代远距离教育，2018（05）：27-38.
② 罗琪. 我国STEM教师培养中的问题及其应对策略[J]. 教学与管理，2018（24）：58-61.
③ 曾丽颖，任平，曾本友. STEAM教师跨学科集成培养策略与螺旋式发展之路[J]. 电化教育研究，2019，40（03）：42-47.
④ 王素. 《2017年中国STEM教育白皮书》解读[J]. 现代教育，2017（7）：6-9.
⑤ 杜文彬，刘登珲. 走向卓越的STEM课程开发——2017美国STEM教育峰会述评[J]. 开放教育研究，2018，24（02）：60-68.
⑥ 白逸仙. 美国STEM教育创新趋势：获得公平且高质量的学习体验[J]. 高等工程教育研究，2019（06）：172-179.
⑦ 樊雅琴，周东岱. 国外STEM教育评估述评及其启示[J]. 现代远距离教育，2018（03）：37-43.
⑧ 林静，石晓玉，韦文婷. 小学科学课程中开展STEM教育的问题与对策[J]. 课程·教材·教法，2019，39（03）：108-112.
⑨ 王科，李业平，肖煜. STEM教师队伍建设：探究美国STEM教师的工作满意度[J]. 数学教育学报，2019，28（03）：62-69.

第2章 教师教育理念

2.1 OBE

2.1.1 什么是OBE

1. 理论研究

OBE（Outcome Based Education）即成果导向教育，亦称能力导向教育、目标导向教育或需求导向教育，是20世纪90年代兴起的一种教育理论和方法，由美国学者斯派蒂提出，强调成果的重点不在于学生的课业分数，而在于经过学习之后学生真正拥有的能力。[①]成果导向教育首次出现在斯派蒂的代表性著作《成果导向教学管理：社会学视角》之中，主张学校把所有的课程和教学精力都聚焦于清晰界定的学习成果，以促使学生以预期成果为指引，并在最后能展示课程的学习预期。这里所说的成果是学生最终取得的学习结果，是学生通过某一阶段学习后所能达到的最大能力。[②]它具有如下六个特点。

① 成果并非先前学习结果的累计或平均，而是学生完成所有学习过程后获得的最终结果。

② 成果不只是学生相信、感觉、记得、知道和了解，更不是学习的暂时表现，而是学生内化到其心灵深处的过程。

③ 成果不仅是学生了解的内容，还包括将所学应用于实际的能力，以及可能涉及的价值观或其他情感因素。

④ 成果越接近"学生真实学习经验"，越可能持久存在，尤其经过学生长期、广泛实践的成果，其存续性更高。

⑤ 成果应兼顾生活的重要内容和技能，并注重其实用性，否则会变成易忘记的信息和片面的知识。

⑥ "最终成果"并不是不顾学习过程中的结果，学校应根据最后取得的成果，按照

---

① 王菠. 成果导向学前教育专业教育实习课程设计研究[D]. 长春：东北师范大学，2019.

② Harden R M. Outcome-based Education：Part1-An Introduction to Outcome-based Education[J]. Medical Teacher，1999，21（1）：7-14.

反向设计原则设计课程，并分阶段对阶段成果进行评价。

OBE 是围绕学生学习成果组织和开展教育的模式，教学设计和教学实施的目标是学生通过教育过程最后取得的学习成果，注重的是"我们想让学生取得的学习成果是什么？为什么要让学生取得这样的学习成果？如何有效地帮助学生取得这些学习成果？如何知道学生已经取得了这些学习成果？"。教育家Harden[①]给出了图 2-1 所示的"OBE 课程体系规划模型"。为了使学生达到要求，学校需要提供适当的教育环境，明确学习者需要学什么（内容）及如何学习（方法与策略），并实施恰当的评价，以检查学生是否达到了对学习成果的要求，以此来引导学生学习。

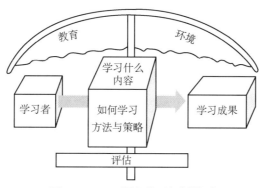

图 2-1　OBE 课程体系规划模型

2005 年，我国台湾和香港地区就开始致力于成果导向教育研究，研究领域主要在理论认知和课程设置两个方面。随着成果导向教育研究的不断深入，台湾和香港地区各高等院校陆续推行一系列的教育改革，以提升学生的核心能力。例如，逢甲大学推行的成果导向双回圈课程规划机制，[②] 中原大学依据学生基本能力发展出"生涯地图机制"[③]，香港科技大学以美国工程技术教育认证委员会认证的标准为指导，将工程教育发展划分为"三线"模式——专业工程师培养、研究生培养、多元化事业发展培养。[④]

相较而言，大陆地区对成果导向教育的研究主要集中于理论认知与探讨。2012 年以后，以李志义、申天恩为代表的研究团队将成果导向教育引入"工程科技人才培养"项目，并对成果导向教育进行了深入研究和透彻剖析，同时用成果导向教育理念引导高等工程教育教学改革。申天恩[⑤]从成果导向教育理念中的学习成果界定、测量及评估等角度进行解读，并深刻剖析了成果导向教育的理论渊源，成果导向教学设计理念等，同时将此设计理念进行探索与实践。

　① Harden R M. Outcome-based education：the ostrich, the peacock and the beaver [J]. Medical Teacher, 2007, 29（7）：666-671.

　② 李秉乾. 逢甲大学推动成果导向教学品保机制之经验[J]. 评鉴双月刊, 2008（11）：31-34.

　③ 樊爱群, 郭建志, 等. 谈中原大学以学生基本能力培育落实大学教育之发展[J]. 教育研究月刊, 2009（10）：59-74.

　④ 赵洪梅. 基于成果导向教育的工程教育教学改革[D]. 大连：大连理工大学, 2016.

　⑤ 申天恩, 洛克. 论成果导向的教育理念[J]. 高校教育管理, 2016（05）：47-51.

2. 实践研究

成果导向教育提出至今，被美国、加拿大、澳大利亚、南非等国家和地区广泛运用于课程发展模式、教育改革及教育认证与评价等。美国工程与技术教育认证组织推出工程课程计划与认证标准 EC2000。该标准的核心是将学习成果作为评价教学成效的依据，并以此作用于持续改进的过程。不同学者从不同角度对于 OBE 课程实施质量进行了研究。一些研究者主张实施 OBE 课程，他们的研究关注许多 OBE 成功实施的案例，从整体说明 OBE 课程在教育中实施的可行之处。例如，Brown[1]、Stambs[2] 及 Oriah[3] 等的研究发现 OBE 课程的实施可以促进学生的自尊发展，提高学生的出勤率并且帮助学生取得更高的成绩。还有学者对 OBE 课程体系的有效性进行了研究，如 Roselainy[4] 等对本科工程教学的 OBE 课程实施进行了研究，并得出自我调节学习可以作为促进 OBE 教育的有力环境因素。Katherine[5] 等对 OBE 课程在护理专业中实施的有效性进行了探讨，他们共做了六项研究，结果表明 OBE 课程提高了学生获取知识的能力。

我国在正式加入"华盛顿协议"之后，OBE 教学理念迅速发展成为教育、教学的核心理念，也被更多的教育工作者和专家学者大力推崇。近年来，成果导向教育逐渐成为高等教育研究的热点，其研究内容主要集中在基于成果导向的课程设计研究、基于成果导向的教学模式研究、基于成果导向的实证研究等几个方面。李志义[6] 以某校的自动化专业为依托，具体诠释了反向设计的思路、策略、要点等，并通过具体实例指明了如何进行反向设计、怎样确定培养目标、怎样构建课程体系等。成果导向的教学模式将教学的重点聚焦在"学生的学习成果产出"上，并通过灵活的教学方式和多元化的评价方法使得课堂教学更加生动。有专家从宏观上探讨成果导向教学模式的意义、特点、实施方式与实施要点。赵昱（2016）从培养目标、课程设计、教学内容等方面探讨成果导向教育在管理学课程教学中的应用，为其他相关课程应用该模式提供了借鉴。从现有文献分析发现，基于成果导向教学模式的研究均强调"以学生为中心"组织教学，包括从学生现有的差异化能力水平设立学习起点，提供因材施教的教学内容，采用多样化的教学评价等。广东岭南职业技术学院、汕头大学、黑龙江职业技术学院等率先开展成果导向教育的实证研究。汕头大学率先在全校实施基于 OBE 的工程教育模式，实践研究结果

---

① Brown A S. Outcome-based education：A success story [J]. Educational Leadership，1988（10）：12.

② Stambs C E. One district learns about restructuring [J]. Educational Leadership，1990（4）：72-75.

③ Akir O，Eng T H，Malie S. Teaching and learning enhancement through outcome-based education structure and technology e-learning support[J]. Procedia-Social and Behavioral Sciences，2012：87-92.

④ Rahman R A，Baharun S，elt. Self-Regulated Learning as the Enabling Environment to Enhance Outcome-Based Education of Undergraduate Engineering Mathematics[J]. International Journal of Quality Assurance in Engineering and Technology Education，2014（4-6）：43-53.

⑤ Tan K，Chong M C，Subramaniam P，Wong L P. The effectiveness of outcome based education on the competencies of nursing students：A systematic review[J]. Nurse Education Today，2018（64）：180-189.

⑥ 李志义. 成果导向的教学设计[J]. 中国大学教学，2015（03）：32-39.

显示，基于OBE的工程教育模式实践是汕头大学有效的教学改革战略。[①]

成果导向教育强调的成果是教学过程终端的产物，它主张课程重点由传统重视学科内容的学习，发展为重视学生行为的转变与能力的增长，也因此能够成就优质教育。该理念不是以教师为核心地位，而是通过提供优质的教学资源和足够的学习时长来实现学生预期能够达到的学习成果。在整个教学过程中，以培养学生自主学习和探索研究的能力为主，注重如何调动学生自发学习。在对学科进行基于OBE教育理念的教学设计时，注重对学生动手能力的培养，注重对学生自主学习和探索能力的培养。

2.1.2 如何实施OBE

1. 实施OBE包含五个步骤

（1）确定学习成果

最终学习成果既是OBE的终点，也是其起点。学习成果必须是可清楚表达，能间接或直接测评的；在确定学习成果时要充分考虑政府、学校、用人单位、学生、教师、学生家长等利益相关者的要求与期望。

（2）构建课程体系

学习成果代表了一种能力结构，这种能力主要通过课程教学来实现。因此，课程体系构建对达成学习成果尤为重要。能力结构与课程体系结构应有一种清晰的映射关系，能力结构中的每种能力要有明确的课程来支撑。换句话说，课程体系的每门课程要对能力结构有确定的贡献，要求学生完成课程体系的学习后具备预期的能力结构（学习成果）。

（3）确定教学策略

OBE特别强调学生学到了什么，特别强调教学过程的输出，特别强调研究型教学模式，特别强调个性化教学。个性化教学要求老师准确掌握每名学生的学习轨迹，及时把握每个人的目标、基础和进程，为学生制定不同的教学方案，提供不同的学习机会。

（4）自我参照评价

OBE的教学评价聚焦在学习成果上，而不是教学内容以及学习时间、学习方式。它采用多元和梯次的评价标准，评价强调达成学习成果的内涵和个人的学习进步，不强调学生之间的比较。它根据每个学生达到的教育要求的程度，赋予不同的评定等级，进行针对性评价；通过对学生学习状态的明确掌握，为学校和老师改进教学提供参考。

（5）逐级达到顶峰

将学生的学习进程划分成不同的阶段，并确定出每阶段的学习目标。这些学习目标是从初级到高级，最终达成顶峰成果。这将意味着具有不同学习能力的学生将用不同的

---

① 顾佩华，胡文龙，林鹏，等. 基于"学习产出"（OBE）的工程教育模式——汕头大学的实践与探索[J]. 高等工程教育研究，2014（01）：27-37.

时间、通过不同的途径和方式，达到同一目标。

传统教育是以学科为导向的，它遵循按学科划分专业的原则，教育模式倾向于解决确定的、线性的、静止封闭的问题，知识结构强调学科知识体系的系统性和完整性，教学设计更加注重学科的需要，而在一定程度上忽视了专业的需求。成果导向教育遵循的是反向设计原则，其"反向"是相对传统教育的"正向"而言的。反向设计是从需求（包括内部需求和外部需求）开始，由需求决定培养目标，由培养目标决定毕业要求，再由毕业要求决定课程体系。正向设计是从课程体系开始，到毕业要求，到培养目标，再到需求。然而，这时的需求一般只能满足内部需求，不一定能满足外部需求，因为它是教育的结果，而不是教育的目标。因此，传统教育对国家、社会和行业、用人单位等外部需求只能"适应"，而很难做到"满足"。而成果导向教育则不然，它是反向设计、正向实施，这时"需求"既是起点，又是终点，从而能够最大限度地保证教育目标与结果的一致性。

2. 成果导向的教学设计的重点是确定四个对应关系

（1）内外需求与培养目标的对应关系

教育教学规律、学校的办学思想、人才培养定位、教学主体的需要是内部需求，外部需求包括国家、社会、行业、用人单位的需求。国家与社会的需求为宏观需求，是制定学校人才培养总目标的主要依据；行业与用人单位的需求为微观需求，是制定专业人才培养目标的主要依据。人才培养目标的确立，应考虑当前需求与长远需求相协调，多样性的需求与学校办学和人才培养定位相匹配。行业与用人单位的需求是构建专业教育知识、能力和素质结构的重要依据。在确定培养目标时，要正确处理这种需求的功利追求与价值理性，及其专业性追求与专业适应性之间的矛盾。

（2）培养目标与毕业要求的对应关系

培养目标是确定毕业要求的依据，毕业要求是达成培养目标的支撑。培养目标是对毕业生在毕业后五年左右能够达到的职业和专业成就的总体描述。它是专业人才培养的总纲，是构建专业知识、能力、素质结构，形成课程体系和开展教学活动的基本依据。毕业要求是对学生毕业时应该掌握的知识和具有的能力的具体描述，包括学生通过专业学习掌握的技能、知识和能力，是学生完成学业时应该取得的学习成果。毕业要求也被称为毕业生能力。培养目标更加关注的是学生"能做什么"，而毕业要求更加关注的是学生"有什么"，能做什么主要取决于有什么。从这种意义上讲，毕业要求是培养目标的前提，培养目标是毕业要求的结果。制定培养目标的参与人员主要是毕业生、用人单位、学校管理者、教师和学生。制定毕业要求的参与人员主要是教师、学生、学校管理者和毕业生。

（3）毕业要求与课程体系的对应关系

毕业要求是构建课程体系的依据，课程体系是达到毕业要求的支撑。毕业要求实际上是对毕业生应具备的知识、能力、素质结构提出的具体要求，这种要求必须通过相对应的课程体系才能在教学中实现。也就是说，毕业要求必须逐条地落实到每门具体课程中。构建课程体系时，要注意知识、能力、素质结构的纵向和横向关系。在构建课程体系时，要注意显性课程与隐性课程的关系。"显性课程"指的是传统课程，是由教师、学生和固定场所等要素组成的，在规定时间、空间内完成规定教学内容的有目的、有计划的教学实践活动。"隐性课程"是指除此之外的，能对学生的知识、情感、态度、信念和价值观等起到潜移默化影响的教育因素。"第二课堂"是目前隐性课程的一种重要载体，要充分重视其育人功能，紧紧围绕培养目标和培养要求，规划形式、内容与载体。要像重视第一课堂一样重视第二课堂，提升第二课堂的建设水平，增强第二课堂的育人效果。

（4）毕业要求与教学内容的对应关系

毕业要求是确定教学内容的依据，教学内容是达到毕业要求的支撑。要把毕业要求逐条地落实到每门课程的教学大纲中去，从而明确某门具体课程的教学内容对达到毕业要求的贡献。成果导向教育打破了课程之间的壁垒，弱化了课程本身的系统性、完整性和连续性，强化了课程之间的联系。毕业要求与教学内容的对应关系，为确定课程的教学内容和教学时数提供了依据。

课堂是教学实施的主要形式，课堂教学是使学生能够达到毕业要求、达到培养目标的基础，为了适应成果导向教育的要求，至少要实现五个转变——从灌输课堂向对话课堂转变、从封闭课堂向开放课堂转变、从知识课堂向能力课堂转变、从重学轻思向学思结合转变、从重教轻学向教主于学转变。

2.2 一流课程解读

2.2.1 金课与水课

2018 年 6 月 21 日，陈宝生[①]在新时代全国高等学校本科教育工作会议上提出，对大学生要有效"增负"，要提升大学生的学业挑战度，合理增加课程难度，拓展课程深度，扩大课程的可选择性，真正把"水课"转变成有深度、有难度、有挑战度的"金课"。

吴岩[②]认为，"把'金课'建设作为'四新'建设的重要内容抓紧抓好，抓出成效。这四个'新'是关于理工农医教文等方面全面发力的四个带头引领，是中国高等教育的新探索。从世界范围看，我们也跑在最前面"。

2018 年 8 月 27 日教育部专门印发了《关于狠抓新时代全国高等学校 本科教育工作

---

① 陈宝生. 坚持"以本为本" 推进"四个回归" 建设中国特色、世界水平的一流本科教育[J]. 时事报告（党委中心组学习），2018（5）：18-30.

② 吴岩，建设中国"金课"[R]. 第 11 届中国大学教学论坛，2018.

会议精神落实的通知》[①]，通知指出："各高校要全面梳理各门课程的教学内容，淘汰'水课'、打造'金课'，合理提升学业挑战度、增加课程难度、拓展课程深度，切实提高课程教学质量。"这是教育部文件中第一次正式使用"金课"这个概念。整顿高等学校的教学秩序，"淘汰水课、打造金课"首次正式被写入教育部的文件。

什么是"水课"？"水课"就是低阶性、陈旧性的课，是教师不用心上的课。什么是"金课"？可以归结为"两性一度"：高阶性、创新性和挑战度。其一，高阶性，就是知识、能力、素质有机融合，培养学生解决复杂问题的综合能力和高级思维。课程教学不是简单的知识传授，是知识、能力、素质的结合，且不只是简单的知识、能力、素质的结合。对本科生毕业认证的一个关键要求，就是毕业生解决复杂问题的综合能力和高级思维，没有标准答案，更多的是对能力和思维的训练。其二，创新性。创新性体现在三个方面，一是课程内容有前沿性和时代性；二是教学形式体现先进性和互动性，不是满堂灌，不是我讲你听；三是学习结果具有探究性和个性化，不是简单告诉你什么是对的，什么是错的，而是培养学生去探究，能够把学生的个性特点发挥出来。其三，挑战度。挑战度是指课程要有一定的难度，需要学生和老师一起跳一跳才能够得着，老师要认真备课、讲课，学生课上课下要有较多的学习时间和思考做保障。

如何认识现代教学，是大学教师能否上出金课的关键所在，李芒（2019）[②]从课堂教学观出发，针对目前大学教学存在的七大纰缪，以多维度视角作为研究基础，提出大学金课具有的七大特征，主要包括教学的难度、教学的深度、教学的广度、教学的高度、教学的强度、教学的精度以及教学的温度。

1. 难度：教学之保障

大学课堂教学的难度是指课堂学习任务具有高复杂度和强规训度。必要的教学难度是学生认知水平、情意品质和坚韧意志等优秀特征得以自我超越的必要条件。合理的课堂教学难度是激发学生求知天性并体验高增益感的进阶。

2. 深度：教学之本真

加强课堂教学的深度是为了克服仅将事实性、素材性的知识"传递"给学生，将学生的发展仅理解为客观知识的积累。具有深度的课堂教学能够提升学生的思想深度。教师的教学深度直接影响到学生是否能够进行深度思维，是否能够进行抽象与概括。具有深度的课堂教学能够帮助学生形成自己独创的见解。

3. 广度：教学之场域

大学课堂教学的广度是指教学所涉面的无限宽广性，由无限的知识领域和无限的思维放射性构成。具有广度的教学能够培养学生的发散性思维，提升学生旁征博引、触类

---

① 教育部关于狠抓新时代全国高等学校本科教育工作会议精神落实的通知[EB/OL].（2018-09-03）[2022-02-06] http://www.moe.gov.cn/srcsite/A08/s7056/201809/t20180903_347079.html?from=timeline&isappinstalled=0.

② 李芒，李子运，刘洁滢."七度"教学观：大学金课的关键特征[J].中国电化教育，2019（11）.

旁通的思维能力。学生可以从多角度、多层次、跨学科进行全方位思考。

4. 高度：教学之境界

大学课堂教学的高度是指课堂教学的境界之高。大学教学应该提升学生原有的知识水平，更应该帮助学生提升思想觉悟和精神修养。有高度的教学有利于帮助学生建立正确的世界观，有高度的教学有利于培养学生的大局观。

5. 强度：教学之劲道

大学教学的强度是指学生在学习中体验到的震撼程度，它反映出学生学习体验的力度。大学的教学强度不仅体现在课上，更应该落实在课下，因此需要将课上与课下作为一体统筹规划。

6. 精度：教学之中的

大学教学的精度是指"教"与"学"之间的耦合精准程度。大学教学的精度主要包括三个方面：个性化帮扶、教学目标的精准实现以及专业核心力的养成。从对应学生个体独特性而言，为了每位学生的全面发展，教师个性化指导显得弥足珍贵。就大学教学而言，教学目标的精准实现，需要靠精选内容、精选策略、精练语言、精辨是非、精思关键、精确未知，将专业核心要义精施于学生。精准把握并培养学生的学科核心竞争力是大学教学之"的"。

7. 温度：教学之情感

大学教学的温度是指一切能够感动学生的教学要素的总和。有温度的教学必然能够促使学生产生激动感、享受感和满足感，从而达到热血沸腾、激情澎湃的程度。教学感动的要素主要包含学术美感的感动、人格感动与灵魂感动。

以上"七度"教学观，正是大学金课的关键特征，也是大学教师分析教学的思考框架和卓越教学的价值判断基准。

2.2.2　什么是一流课程

随着高等教育教学改革的深入，教育部于 2019 年 10 月发布《教育部关于一流本科课程建设的实施意见》[①]，明确指出课程是人才培养的核心要素，课程质量直接决定人才培养质量。为贯彻落实习近平总书记关于教育的重要论述和全国教育大会精神，落实新时代全国高等学校本科教育工作会议要求，必须深化教育教学改革，必须把教学改革成果落实到课程建设上。

该实施意见的指导思想是："以习近平新时代中国特色社会主义思想为指导，贯彻落实党的十九大精神，落实立德树人根本任务，把立德树人成效作为检验高校一切工作的根本标准，深入挖掘各类课程和教学方式中蕴含的思想政治教育元素，建设适应新

---

① 教育部关于一流本科课程建设的实施意见[EB/OL].（2019-10-31）[2022-02-06]. http://www.moe.gov.cn/srcsite/A08/s7056/201910/t20191031_406269.html.

时代要求的一流本科课程，让课程优起来、教师强起来、学生忙起来、管理严起来、效果实起来，形成中国特色、世界水平的一流本科课程体系，构建更高水平人才培养体系。"

其总体目标是："全面开展一流本科课程建设，树立课程建设新理念，推进课程改革创新，实施科学课程评价，严格课程管理，立起教授上课、消灭'水课'、取消'清考'等硬规矩，夯实基层教学组织，提高教师教学能力，完善以质量为导向的课程建设激励机制，形成多类型、多样化的教学内容与课程体系。经过三年左右时间，建成万门左右国家级和万门左右省级一流本科课程（简称一流本科课程'双万计划'）。"

课程建设的基本原则是："依据高校办学定位和人才培养目标定位，建设适应创新型、复合型、应用型人才培养需要的一流本科课程，实现不同类型高校一流本科课程建设全覆盖。坚持扶强、扶特，提升高阶性，突出创新性，增加挑战度。"

实施一流本科课程"双万计划"是：在高校培育建设基础上，从2019年到2021年，认定万门左右国家级一流本科课程及万门左右省级一流本科课程，包括完成4 000门左右国家级线上一流课程（国家精品在线开放课程）、4 000门左右国家级线下一流课程、6 000门左右国家级线上线下混合式一流课程、1 500门左右国家级社会实践一流课程认定工作。

2.3 基于OBE理念的师范专业一流课程建设探索

为培养高素质教师队伍，提高师范类专业人才培养质量，教育部决定开展普通高等学校师范类专业认证工作，明确提出了"学生中心，产出导向，持续改进"的核心理念；同时，在《教育部关于一流本科课程建设的实施意见》中指出："课程是人才培养的核心要素，课程质量直接决定人才培养质量。"因此，"成果导向教育"理念是师范专业建设的理论基础，作为专业建设的核心要素，课程建设是"成果导向教育"理念的落地环节。

"信息技术学科教学法"是师范专业教师教育核心课程，是培养师范生必不可少的一门课程，在整个课程体系中有着非常重要的地位。本专业的培养目标是：坚持立德树人，遵循"以学生发展为中心、产出导向、质量持续改进"的教育理念，依照师范认证标准，以新师范建设为重要抓手，以培养未来卓越教师为目标，致力于开启学生内在潜力和学习动力，在教学设计及实施过程中，将课程思政与专业教育紧密有机地结合起来，在传授专业课程知识的基础上引导学生将所学到的知识和技能转化为内在德行和素养，注重将学生个人发展与社会发展、国家发展结合起来，引导师范生树立正确的社会主义核心价值观，使他们承担起培养社会主义建设者和接班人的重任。接下来，从课程目标、课程内容与资源建设、课程团队建设、课程考核与评价、课程教学模式等方面探索基于"成果导向教育"理念的师范专业一流课程建设的一些思考和做法。基于"成果导向教育"理念的课程建设框架[①]如图 2-2 所示。

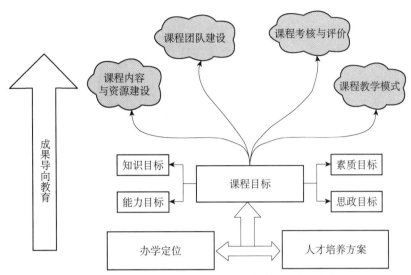

图 2-2　基于"成果导向教育"理念的课程建设框架

1. 课程目标

本课程的目标是建设一支结构合理、学术水平高、教学能力强、团结合作的教师梯队，积极投身教学改革，优化重构教学内容与课程体系，深入挖掘课程教学中蕴含的思想政治教育元素，强化现代信息技术与教育教学深度融合，应用先进教学模式及教学方法，加大学生学习投入，科学"增负"，严格考核考试评价，增强学生经过刻苦学习收获能力和素质提高的成就感，在课堂教学中关注打破课堂沉默状态，焕发课堂的生机与活力，成为特色明显、示范作用突出、辐射面广的省级一流线下课程。

课程目标的设定需要考虑学校的办学定位，坚持"师范性、应用性、地方性、开放性"的办学定位，培养德、智、体、美、劳全面发展，师德高尚，教育情怀深厚，学科知识扎实，专业能力、教学能力强，具有"家国情怀、师道精神、笃实品格"特质，能够适应国家新时代师范教育高质量发展和地方基础教育现代化的要求，未来能够成长为学校、教育、培训等行业的"四有"优质教师。

根据"成果导向教育"的方法，在进行课程目标的设定时，还需要明确本课程在人才培养方案整个课程体系中的定位。我们以计算机师范专业的"信息技术学科教学法"课程为例，该课程是师范专业教师教育核心课程，在衔接低年级的教育学、心理学等基础理论课程与高年级的微格教学、教育实习等实践性课程中起着承上启下的作用，课程的开设有助于学生实现对各类知识、技能的统合和延伸。

基于以上分析，课程目标要有效支撑培养目标达成，符合学校办学定位和人才培养目标，坚持知识、能力、素质、思政教育有机融合，培养学生解决复杂问题的综合能力

---

①　基于 OBE 理念的师范专业一流课程建设探索——以"信息技术学科教学法"课程为例。

和高级思维。

知识目标：第一，了解现代教学、学习理论、课程发展理论、研究性学习的内容、具体方法和措施及发展趋势，了解和掌握中学信息技术教学的目的要求、特点和教学的一般原理及组织教学活动的基本程序和方法；第二，掌握中学信息技术的教学内容和知识体系，理解科学素养和信息技术核心素养的构成，了解信息技术教学艺术，掌握中学信息技术的主要教学模式和学习方式；第三，了解中学信息技术教学研究的一般方法，初步学会反思和行动研究，掌握现代信息技术教学测量和评价的方法。

能力目标：第一，掌握信息技术学科教学的基本技能；第二，初步具备分析中学信息技术课程标准和教科书、进行教学设计、选择教学方法和组织教学活动的能力；第三，初步养成教学研究的能力。

素质目标：第一，认识信息技术教学的基本特征和规律，初步形成先进的教育、教学思想观念；第二，拥有一定的教学研究意识，具备实事求是的工作作风和与他人合作的正向工作态度；第三，为培养未来的"四有"优质教师打下坚实基础。

思政目标：第一，树立正确的社会主义核心价值观，勇于承担起培养社会主义建设者和接班人的重任；第二，具有从教意愿、坚定的职业理想、强烈的职业认同感和勇于奉献的精神；第三，培养正确的科学观，树立积极向上、求真务实、刻苦钻研的专业精神。

2. 课程内容与资源建设

在确定"信息技术学科教学法"课程内容时，需要遵循以下三个原则。第一，以师范类专业认证标准[①]为依据，注重知识点、能力点和素质点的梳理，夯实知识、训练能力、达成素质，帮助学生实现从理论性知识向实践性知识的转换。第二，以培养专业突出、底蕴深厚的卓越中学教师为目标，引导学生从中学教师视角体验教育教学行为，逐步认同基础教育的独特价值。第三，对照《高等师范学校学生的教师职业技能训练大纲》中罗列的各项技能要求及标准，制定对应的实践模块，强化学生技能，帮助学生掌握站稳讲台的能力。

课程教学内容的设计以夯实学生理论基础、训练教师职业技能、提升专业素养为主线，以模块化的形式将教学内容解构重组，以主题学习为导向划分为理论教学和实践教学两大模块，模块间联系较松散，模块内部联系强。课程内容模块如表 2-1 所示。

表 2-1　课程内容模块

模块名称		课程内容
理论教学模块	中小学信息技术教育概论	中小学信息技术教育发展历程、研究方法和任务
	信息技术课的教学方法	信息技术课的教学特点、教学原则、教学方法及优化
	信息技术课的教学模式	信息技术课的教学模式、选择、研究
	信息技术课的教学工作	教学设计、教案编写、授课、说课、实验教学、课外工作
	信息技术课的教学评价、教学研究	学习评价、教学考核、组织与实施、教学研究方法

---

① 教育部关于印发《普通高等学校师范类专业认证实施办法（暂行）》的通知[EB/OL]．(2017-11-08) [2022-02-06]. http://www.moe.gov.cn/srcsite/A10/s7011/201711/t20171106_318535.html.

续表

模块名称		课程内容
实践教学模块	课前三分钟	口语表达技能训练
	课件评比活动	教学媒体技能训练
	模拟授课活动	教学设计技能训练、课堂教学技能训练
	说课活动	教学设计技能训练、口语表达技能训练
	教研论文写作	教学研究技能训练

课程以线下课堂为主阵地，对学习资源的建设与使用首先满足课堂教学需求。"信息技术学科教学法"课程内容主要由理论教学和实践教学两部分组成，重视增加课程内容的高阶性、创新性和挑战度，及时更新课程内容、丰富课程知识、提升课程质量，把教育教学研究前沿动态、研究成果和实践新经验融入课堂教学中，合理增加课程难度，拓展课程深度，及时把教育部门颁布的教育法规、教材建设、学科教学赛事等资料提供给学生学习和参考。在线上教学平台建立课程网站，同步更新课程资料，并利用线上教学平台辅助课堂活动，发布讨论、签到、投票等课堂任务，收取作业，实施阶段性测验、总结性测验等。

3. 课程团队建设

教师对课程建设具有重要作用，合适的人才能提高课程建设水平，确保产出导向教学体系的贯彻与实施。课程教学团队采用"双导师制"教学，高校教师与优秀中学一线教师分别负责课程不同模块的教学任务，为师范生提供全方位的实践指导。课程团队具有不同学历层次、不同职称层次，专业背景一致，教研方向互补、搭配合理、协作能力强、教学效果好的特点。

4. 课程考核与评价

课程考核评价遵循适当性、阶段性、可达成、可量化、可评估的原则，采用多元化考核方式，成绩评定侧重学生的"产出"能力和"应用"能力，将过程性评价与总结性评价相结合，对标知识、能力、素质三维课程目标。考核形式多样，既考查学生对知识的理解，也考查学生对知识的运用以及能力的提高。

具体的课程考核方式及要求如表 2-2 所示。

表 2-2　课程考核方式及要求

评价环节		评价要求	课程目标	分值比例
平时成绩	课堂表现	出勤率、作业提交情况、课堂活动参与度、在小组活动中的贡献度	知识能力	10%
过程性考核	课前三分钟	以教育教学为主题，进行口语表达训练，以学习小组为单位，一学期至少3次组内演讲，分数由"组内评选分数+班级评选分数+教师对最终作品评分"组成	知识、能力、素质	10%
	课件评比	按照课件评比标准，分数由"组内评价分数+组间评价分数+教师评分"组成		20%

评价环节		评价要求	课程目标	分值比例
过程性考核	模拟授课	按照模拟课堂比赛标准和教学设计评价标准，分数由"组内评价分数+组间评价分数+教师评分"组成	知识、能力、素质	20%
	说课	根据说课比赛评价标准，分数由"组内评价分数+组间评价分数+教师评分"组成		20%
总结性考核	教研论文写作	以小组为单位，从指南中选取合适的题目撰写。要求：4 000～8 000字，查重率低于30%，符合教研论文写作规范。教师根据论文对教育理论的理解、分析、应用的效果评分	综合能力	20%

5. 课程教学模式

"信息技术学科教学法"不只是教学技能培训课，更是一门素质提升课程。该课程理论内容较抽象，知识点多，实践性强，在课程教学中积极探索以信息技术为支撑载体，以创新教学方法为主要途径，广泛应用新型教学平台和教学终端，增强师生互动，形成对话、研讨的课堂氛围，在互动与讨论中激励学生主动参与、自我反思和团队合作学习，有效地解决了传统课堂教学存在的不足，主要体现在以下三个方面。

（1）以学生为主体，坚持"立德树人"的根本任务，将思政教育贯穿整个课程教学的始终

高校师范类专业作为培养基础教育合格师资的摇篮，其师范生的培养质量直接影响着初等教育和中等教育师资队伍的质量。由于师范生群体的特殊性和课程思政的迁移价值，对师范生进行思政教育，不仅会对他们产生正向影响，而且通过他们影响到未来的中小学生群体。课程始终把"立德树人"作为教学的根本任务，将思政教育贯穿教学的全过程；坚持以学生为主体、学习为中心、教师为主导，着力培养学生的思辨能力和创新能力，在传授信息技术学科教学法专业知识的同时，将"立德树人"根本任务与学科专业知识传授和能力训练有机结合起来，努力做到"润物细无声"。

例如，在教学案例的选择上，挑选往届学生在教学技能大赛上的获奖作品与学生一起进行研读、剖析，增强学生的集体荣誉感和对专业的认同感，进而增强文化自信；通过学习著名教育家的教育理念，正面引导学生为人师表的信念，牢固树立教书育人、奉献国家的精神；在讲授教学设计一章时，通过引导学生进行教材分析、教学对象分析，强调师范生应具备尊重爱护学生之情和精益求精的工作精神。简言之，"信息技术学科教学法"课程中的课程思政，就是在传授专业知识的同时，通过对教育三维目标中的情感、态度和价值观教育再次强化，达到培养学生树立远大理想和崇高追求，形成正确的世界观、人生观和价值观的目的。

（2）以课堂教学为主，"线上、线下混合教学"为辅的教学模式

课程团队坚持理论联系实际、以学为主、学以致用、尊重学生的个体差异等理念。教师大量参考不同的教育教学理论，力求向学生介绍教学论的全貌，充分发挥学生的主动性，最大限度地让学生参与学习的全过程。

课堂教学是实现人才培养目标的关键所在，课程团队因材施教，积极探索新的教学方法，综合采用小组合作探究、案例分析、课堂演示与演练等教学方法。例如：在课程伊始，教师就强调组中、组间经验流动的价值，组成固定学习小组，所有的实践活动均以小组为单位分工合作完成；在课堂教学中也时常穿插小组活动，充分发挥学生的主观能动性和创造力。在课堂教学中，根据需求播放中小学优质课案例，通过对案例进行分析，帮助学生获得来自真实课堂的教育、教学鲜活经验。通过开展"课前三分钟""课件评比活动""模拟授课活动"和"说课活动"实施课堂演示与演练，促使学生置身问题情境中，通过观摩、理解、体验和训练等一系列过程，达到教师教育技能的有效迁移。

借助线上教学平台，学生阅读相关案例，分组研讨，教师通过平台提供的功能发布讨论、投票、抢答等活动，激发学生的参与程度，提高学生的学习兴趣和注意力，在课堂上完成知识点的讲授和深化，拓展学生的学科视野，通过线上、线下混合教学的有机结合，有效提升学生的学习深度和创新能力。

（3）以"产出"为导向，落实创新性、高阶性和挑战度

教学内容的选择要突出创新性，及时将本学科的前沿成果引入课程；课程设计可适度增加研究性、综合性的内容，增加学生学习的挑战度；在课程教学中要注重提升高阶性，培养学生解决复杂问题的综合能力。

例如，课程专门设置教研论文写作模块，通过理论讲解、共读学术论文、论文写作规范学习等环节，培养学生的理论意识和科研意识，积极对现实的教育、教学现象进行思考和分析，使学生初步掌握运用教学理论进行教学研究设计、资料收集与统计处理并撰写论文的能力。

"信息技术学科教学法"是计算机师范专业教师教育核心课程，课程坚持立德树人，遵循"以学生发展为中心、产出导向、质量持续改进"的教育理念，依照师范认证标准，以新师范建设为重要抓手，以培养未来卓越教师为目标，在考虑学校办学定位及人才培养方案的基础上，以一流课程建设标准重构课程大纲，准确定位课程目标，以模块形式重组课程内容，组建课程团队，改革课程教学模式，变革课程评价体系，力求提高师范人才培养质量，对师范专业课程建设起到一定的借鉴作用。

2.4 课程思政

2.4.1 课程思政与"三位一体"

2016年12月，习近平总书记在全国高校思想政治工作会议[①]中指出，思想政治理论

---

① 全程育人全方位育人开创我国高等教育事业发展新局面——习近平总书记在全国高校思想政治工作会议上重要讲话引起热烈反响.（2016-12-10）[2022-02-06]. http://tv.cctv.com/2016/12/10/VIDEzdJDCMjlSxWZ8j3b5Gaj161210.shtml.

课要坚持在改进中加强，提升思想政治教育亲和力和针对性，满足学生成长发展需求和期待，其他各门课都要守好一段渠、种好责任田，使各类课程与思想政治理论课同向同行，形成协同效应。要充分发挥课堂教学主渠道作用，构建全员、全过程、全方位的协同育人模式，让学生在各门课程的学习中潜移默化地接受思想教育，实现远大理想与脚踏实地相协调、显性教育与隐性教育相结合、学生前途与国家发展相一致、知识讲授和思想引领相统一。以"课程思政"为目标的教学改革，既是对"教书育人"的教学本质的回归，更是对党领导下的高等教育培养什么人、怎样培养人、为谁培养人等根本性问题的回应。

2020年6月，教育部印发《高等学校课程思政建设指导纲要》[①]，指出课程思政建设是落实立德树人根本任务的战略举措。培养什么人、怎样培养人、为谁培养人是教育的根本问题，立德树人成效是检验高校一切工作的根本标准。落实立德树人根本任务，必须将价值塑造、知识传授和能力培养三者融为一体、不可割裂。

课程思政建设是全面提高人才培养质量的重要任务。课程思政建设内容要紧紧围绕坚定学生理想信念，以爱党、爱国、爱社会主义、爱人民、爱集体为主线，围绕政治认同、家国情怀、文化素养、宪法法治意识、道德修养等重点优化课程思政内容供给，系统进行中国特色社会主义和中国梦教育、社会主义核心价值观教育、法治教育、劳动教育、心理健康教育、中华优秀传统文化教育。

专业课程是课程思政建设的基本载体，要深入梳理专业课教学内容，结合不同课程特点、思维方法和价值理念，深入挖掘课程思政元素，有机融入课程教学，达到润物无声的育人效果。教育学类专业课程教学中注重加强师德师风教育，突出课堂育德、典型树德、规则立德，引导学生树立学为人师、行为世范的职业理想，培育爱国守法、规范从教的职业操守，培养学生传道情怀、授业底蕴、解惑能力，把对家国的爱、对教育的爱、对学生的爱融为一体，自觉以德立身、以德立学、以德施教，争做有理想信念、有道德情操、有扎实学识、有仁爱之心的"四有"好教师，坚定不移走中国特色社会主义教育发展道路。

2.4.2 师范专业为什么要实施课程思政

2016年9月9日，习近平总书记在考察北京市八一学校时指出："广大教师要做学生锤炼品格的引路人，做学生学习知识的引路人，做学生创新思维的引路人，做学生奉献祖国的引路人。"[②] 高校师范类专业作为培养基础教育合格师资的摇篮，其师范生的培养质量直接影响着初等教育和中等教育师资队伍质量。由于师范生群体的特殊性和课

---

① 教育部关于印发《高等学校课程思政建设指导纲要》的通知[EB/OL]．（2020-06-05）[2022-02-06]．http://www.moe.gov.cn/srcsite/A08/s7056/202006/t20200603_462437.html.

② 习近平总书记在北京市八一学校考察时的讲话引起热烈反响[EB/OL]．（2016-09-10）[2022-02-06]．http://www.xinhuanet.com/politics/2016-09/10/c_1119542690.htm.

程思政的迁移价值，对师范生进行思政教育，不仅会对他们产生正向影响，而且通过他们，会影响到未来的中小学生群体。[①]

因此，高校师范类专业必须把坚定学生的理想信念、厚植爱国主义情怀作为思想政治教育的核心，教育引导学生树立共产主义远大理想和中国特色社会主义共同理想，让学生牢固树立听党话、跟党走，扎根人民、奉献国家的意识。

在师范类专业教育教学活动中，将课程思政与专业教育紧密有机结合起来，在传授专业课程知识的基础上引导学生将学到的知识和技能转化为内在德行和素养，注重将学生个人发展与社会发展、国家发展结合起来，引导师范生树立正确的社会主义核心价值观，使他们承担起培养社会主义建设者和接班人的重任。

近年来，课程思政的理念已逐渐深入学校和教师教学中，但当前高校课程思政协同育人中仍存在一些问题。

1. 专业思政协同育人认识不足

首先，"全课程育人"理念没有树立好。《中国教育现代化2035》[②]明确发展中国特色世界先进水平的优质教育，要"全面落实立德树人根本任务，广泛开展理想信念教育，厚植爱国主义情怀，加强品德修养，增长知识见识，培养奋斗精神，不断提高学生思想水平、政治觉悟、道德品质、文化素养。"根据学生的自由全面发展这一总目标，高校各专业设计人才培养方案及培养规格，设置专业课、通识课、思政课三类课程同向同行，均以立德树人为己任，实现对学生全程育人。各课程之间看似各司其职，却又壁垒分明，难以实现各类课程同思想政治教育的同向同行。

其次，现有专业课程人才培养体系弱化了课程的思想政治教育功能。专业人才培养方案在专业中处于统领地位，是对专业人才培养的总体设计。然而，当前高校各专业从人才培养方案到专业基础课、核心课、模块课、选修课等都以知识传授和能力培养作为教学目标，而忽视了价值引领这一目标，其思想政治教育功能被弱化和忽略。

以计算机师范专业为例，专业培养方案强调了计算机科学与技术的专业性，注重知识结构和能力结构的培养，忽视了师范生师德师风培养。为师之道，重在学养，贵在师德。师范生是未来的人民教师，将来要承担教书育人的神圣职责，他们的师德、师风水平直接关乎未来教师队伍的质量。在现阶段，我们的师德师风教育针对的主要是教师群体，针对师范生的教育是不系统、不深入的。在全课程育人中，如何将课程思政融入计算机师范专业的"自然科学+师范"的双重特性中，目前的认识是相当不足的。

2. 专业体系课程间课程思政协同不够

首先是课程内部协同不够。课堂是各门课程实施的阵地和渠道，第一课堂主要是理论教学、知识传授，同时也有能力培养和价值引领；第二课堂主要是各类实践，是学生

① 林璇，冯健文. 教师教育课程教学中融入思政元素实践探究[J]. 科教导刊（下旬），2019，（10）.
② 中共中央、国务院印发《中国教育现代化2035》[EB/OL].（2019-02-23）[2022-02-06]. http://www.gov.cn/xinwen/2019-02/23/content_5367987.htm.

将理论转化为能力的必要环节，同时兼有知识传授和价值引领。课堂相互补充，缺一不可，课程思政协同育人机制必须覆盖学生接受教育的所有阵地，努力实现两类课堂相互支撑。然而，当下高校课堂并没有实现真正的互相贯通、互相支撑。例如，计算机师范专业的专业性决定了大部分的专业课和通识课均有理论课和实践课，然而，由于课程内部协同不够，理论课与实践课之间融合度不高，结合度不够，课程思政的渠道并不畅通，出现了"两张皮"的现象。

其次是课程与课程之间的协同不够。课程思政的资源是十分广泛而丰富的，它的使用取决于课程的需要、主体的挖掘以及学生的接受度，何种资源可以用于课程，可以挖掘到什么程度，同一种资源用于不同的课程要如何开展等，都是课程思政资源协同的问题。当前，课程思政资源存在着重复使用的问题，造成了课程资源的浪费和无效。例如，在计算机师范专业中，"计算机科学概论"和"软件工程"是两门重要的专业核心课程，课程开设具有前后相继的关系，任课教师在进行课程思政教育时，由于课程之间的协同不够，往往容易造成一些课程思政资源的重复，而有些被忽略掉。"信息技术学科教学法"主要是进行教师教育理论知识的传授，"教育实习"则是一门实践性很强的课程，是前者的延伸和拓展，两门课程紧密联系，帮助学生构建起相对系统又具有个人特色的知识、能力和价值体系，同样由于课程之间的协同不够，课程思政资源的使用程度把握不够，造成资源的浪费和无效。

3. 教师课程思政的意识和能力不足

首先是教师课程思政的意识不强。当前，"全员育人"这一理念是深入人心的，几乎每位教师都非常认可教书育人的责任，但思想政治教育却没有落实到每门课程上来，教师课程思政协同的意识并不强。一方面，教师不愿承担课程思政的责任，认为与自己无关。另一方面，教师虽然有课程思政协同的意识，但缺乏系统性。

其次是教师课程思政协同的外在动力不足。教师分属于每个教研组，要想实现课程思政的协同，还要从每个教研组入手，从专业到课程的具体研讨，团队合力，不是某个教师在某门课上开展课程思政协同就可以的。

最后是教师课程思政能力欠缺。有了良好的课程思政的意识和动力并不代表自然拥有课程思政的能力，教师怎么把握课程思政的目标、内容、方法与载体，给学生以正确的引导和教育，是对教师极大的挑战。由于大部分的专业教师没有接受过专门的课程思政培训，在制定课程思政目标、挖掘思想政治教育元素、融合课程与思政元素、运用正确方法与载体等方面能力欠缺。

4. 课程思政协同育人的评价机制不健全

课程思政协同育人评价是评价者依据一定的德育目标及评价标准，运用科学的方法对课程思政协同育人做出价值判断的过程，建立科学有效的评价机制的重要性显而易见。在目前的课程思政协同育人中，以融入性探索为主，基本还未涉及评价机制，计算机师范专业课程思政协同育人评价机制几近空白。

因此，把立德树人作为中心环节，把思想政治教育工作贯穿教育教学全过程，以全程育人、全方位育人为根本目的，探索提炼师范专业课程思政目标、在师范专业核心课程群中融入课程思政，从而实现协同育人的路径与方法是非常有必要的。

2.4.3 课程思政建设探索——以"信息技术学科教学法"为例

信息技术学科教学法课程属于教师教育核心课程，面向计算机科学与技术（师范）专业三年级学生开设，对培养学生师范技能与核心素养、培养"四有"优质信息技术教师有重要作用。在衔接低年级教育学、心理学课程与高年级的微格教学、教育实习等实践性课程中起着承上启下的作用，有助于学生实现对各类知识、技能的统合和延伸。

课程依据师范专业认证毕业要求，以"家国情怀、师道精神、笃实品格"为人才特色，以培养未来卓越信息技术教师为育人目标，以强化课程育人为切入点，以一流课程建设为标准，制定知识、能力、素质和思政教学目标，如表 2-3 所示。

表 2-3 课程教学目标

目标	内容
知识	了解现代教学、学习理论、课程发展理论、研究性学习的内容、方法和措施及发展趋势，了解和掌握中学信息技术教学的目的要求、特点和教学的一般原理及组织教学活动的基本程序和方法
	掌握中学信息技术的教学内容和知识体系，理解科学素养和信息技术核心素养的构成，了解信息技术教学艺术，掌握中学信息技术的主要教学模式和学习方式
	了解中学信息技术教学研究的一般方法，初步学会反思和行动研究，掌握现代信息技术教学测量和评价的方法
能力	掌握信息技术学科教学的基本技能
	初步具备分析中学信息技术课程标准和教科书、进行教学设计、选择教学方法和组织教学活动的能力
	初步养成教学研究的能力
素质	认识信息技术教学的基本特征和规律，初步形成先进的教育教学思想观念
	拥有一定的教学研究意识，具备实事求是的工作作风和与他人合作的正向工作态度
	为培养未来的"四有"优质教师打下坚实基础
思政	树立正确的社会主义核心价值观，勇于承担起培养社会主义建设者和接班人的重任
	具有从教意愿、坚定的职业理想、强烈的职业认同感和勇于奉献的精神
	培养正确的科学观，树立积极向上、求真务实、刻苦钻研的专业精神

1. 教学设计理念

（1）师德教育融入课程教学建设全过程

注重师德教育，突出课堂育德、典型树德、规则立德，引导学生树立"学为人师、行为世范"的职业理想，宣扬"勤教力学、为人师表"的精神，把立德树人内化到各环节，将社会主义核心价值观融入教学全过程，将价值塑造、知识传授和能力培养融为一体，帮助学生塑造正确的世界观、人生观、价值观。

（2）"学生中心、产出导向、持续改进"教学理念全方位融入一流课程建设

立足经济、社会发展需求和未来卓越信息技术教师人才培养目标，以师范认证标准为指引，将德育教育贯穿一流课程建设，以强化学生师德教育、促进学生知识迁移和内化、开启学生内在潜力、培养学生高阶思维为教学中心，教学方法体现先进性与互动性，教学内容体现教师职业导向性和前沿性，学生实践体现独立性和协作性，学习活动体现挑战性和创新性，教育引导学生深刻理解并自觉实践教师行业的职业精神和职业规范，增强职业责任感，培养高尚的职业品格和行为习惯。

（3）"智慧教育"融入课堂教学与学习全环节

以满足学生个性化学习、过程性考核评价、思政教育实施和学习共同体等需求为建设原则，一方面，在线下课堂引入网络教学平台支持课堂教学，提供支持翻转课堂、课堂教学和课后练习的丰富课程资源，通过话题答疑讨论、签到、投票、PBL（Project Based Learning，项目式学习）分组活动、作业、阶段性测验、总结性测验等方法有效辅助课堂活动；另一方面，把"智慧教育"作为职前信息技术教师实践学习内容。

2. 课程思政的主要设计思路和实施方式

（1）思政渗透点：针对性解决教学难题

形成师德养成、教学理论、师范技能训练三大类德育渗透点。师德养成侧重加强师范生师德教育，解决职前教师的价值引领教学问题；教学理论侧重强化师范生追求科学真理和科技报国的使命担当，解决职前教师的知识学习教学问题；师范技能训练侧重师范生科学训练和探索未知的责任感，解决职前教师的能力和素质教学问题。

（2）思政方法点：思政与专业教学融合

将灌输与渗透相结合法用于理论教学，依托学校办学历史和学科优势，将中华优秀传统文化、红色文化、地方历史文化、学校文化与思政教育融合，巧妙融入著名教育家的事迹和教育理念，使学生坚定"四个自信"，激发家国情怀和民族自豪感。

将理论与实际相结合法用于案例教学，选取获奖学生的优秀作品研读、剖析，激发学生树立从教意愿和坚定的职业理想。

将独立和协作相结合法用于实践教学，组建学生学习共同体，完成多个学习实践活动，帮助学生内化知识，促进知行合一，增强学生用于探索的创新精神、善于解决问题的实践能力，潜移默化地培养学生的集体主义精神、团结协作的优良品质。

（3）思政质量点：突出思政育人成效

在课堂内注重过程性考核，评价思政教育达成度。例如，在小组活动中考核分工协作、汇报、完成度、创新度等指标。在课堂外注重学生"知识、能力、素质、思政"课程目标的达成和融合。例如，举办师范技能系列竞赛。

本课程提出了基于"三三二"的特色课程建设模式。

（1）构建基于"三融入"的课程教学设计模式

根据卓越信息技术教师人才培养目标，以师德为纽带，创新性提出"师道融入价值引领、师德融入专业教育、师范融入实践学习"的课程教学设计模式，结合"勤教力学、为人师表"的校训教育，实现了课程思政与专业教育相融合的新方法，有力支撑"两性一度"一流课程建设，取得优良的教学效果和育人成效。

（2）实施"三切入点"的课程思政实施路径

提出了"渗透点、方法点、质量点"的课程思政实施思路。依据专业教学内容归纳师德养成、教学理论、师范技能训练方面的德育渗透点；面向理论、案例、实践等教学环节，灵活采用多元化的思政教学方法，提升教学效果；注重对学生学习质量进行跟踪，建立课堂内外育人成效考评机制。

（3）建立"两共同体"的师生研习模式

组织学生建立"学习共同体"，开展师范技能训练实践学习，强化对学生独立和协作能力的培养，训练其研习能力，进行个性化学习，激发其学习主动性和积极性。依托国家教师教育创新实验区，与中学一线教师建立"教研共同体"，开展教学研究活动，确保课程育人成效对接基础教育需求。

2.4.4　课程思政教学案例

在教学设计及实施过程中，充分尊重教育教学规律和人才培养规律，致力培养有德之人与育德之师，积极探索将思政元素融入师范教育课程的教学设计思路，将思政和专业教学目标、教学过程、教学评价反馈完全同体，既隐思政教学于无形之中，也提高了教学效率和教学效果。

下面以信息技术学科教学法课程中"学习评价的方法与工具"一节为例，阐述如何进行课程思政案例设计。

1. 教学案例基本信息

教学内容：学习评价的方法与工具

教学对象：大学三年级师范班

授课时长：45分钟

教学环境：智慧教室，配备一块大黑板、6台希沃一体机、可移动课桌椅，根据教师教学需求分6个小组展开教学活动。

数字化环境：希沃一体机（用于同步观看教师课件、开展小组活动）、超星学习通（提供课程资源，发布签到、投票、讨论等活动）。

2. 教学目标分析

在选择教学内容时，坚持知识、能力、素质有机融合，注重培养学生解决复杂问题的综合能力和高级思维，按照布鲁姆的教学目标分类原则，本节课的9个知识点分别对应布鲁姆认知金字塔的6个认知维度，如图2-3所示。

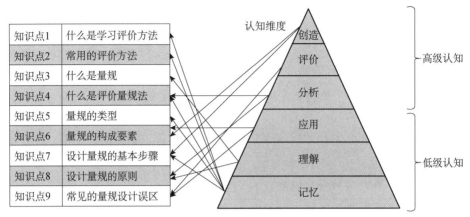

图2-3　知识点与认知维度

（1）知识目标

① 掌握教学评价的内容及分类；

② 了解学习评价的方法及工具。

（2）能力目标

① 掌握评价量规的设计方法；

② 能根据评价标准评价量表。

（3）素质目标

① 培养学生创新能力；

② 培养学生综合应用能力。

（4）思政目标

① 激发学生的学习兴趣、培养理性思维；

② 增强学生的集体荣誉感和创新能力；

③ 增强学生的专业认同感和培养学生精益求精的职业操守；

④ 培养学生传道情的怀，自觉以德立身、以德立学、以德施教，争做有理想信念、有道德情操、有扎实学识、有仁爱之心的"四有"好老师。

基于上述的教学目标分析、学情分析，确定本节课采用的教法学法。

教法：本着"以学生为中心，产出导向"的教学原则，主要采用情境创设法、任务驱动法、引导探究法进行教学。

学法：为了培养学生独立思考、自主创新的能力，主要用小组讨论、自主探究、分享提高的学法。

3．课程思政设计思路

（1）课程思政目标

① 激发学生的学习兴趣，培养理性思维；

② 增强学生的集体荣誉感和创新能力；

③ 增强学生的专业认同感和培养学生精益求精的职业操守；

④ 培养学生传道的情怀，自觉以德立身、以德立学、以德施教，争做有理想信念、有道德情操、有扎实学识、有仁爱之心的"四有"好老师。

（2）课程思政教学设计思路

① 通过引导学生一起回顾已学知识，巧妙地引入本节课的学习主题"学习评价的方法与工具"，采用课堂讨论、提问等方式，提出"你了解学习评价方法吗？常用的学习评价方法及工具有哪些？"两个问题，从而激发学生的学习兴趣，培养理性思维。

② 布置小组探究任务，要求学生以小组为单位制作评价量表，展示小组作品，投票选出最佳小组，在活动中增强学生的集体荣誉感和创新能力。

③ 点评小组作品，引出评价量规的设计原则及常见的设计误区，在知识的深化提升中增强学生的专业认同感和培养学生精益求精的职业操守。

④ 从量规的定义巧妙地引入"人民教育家"于漪老师说过的教育感悟："做教师，应常备这两把尺子"，介绍于漪老师的事迹，号召学生向于漪老师学习，学习于漪老师谦虚谨慎、好学不倦的精神，在教育岗位默默耕耘，用最博大的爱和最朴实的教诲培养学生，以润物细无声的方式培养学生的传道情怀，自觉以德立身、以德立学、以德施教，争做有理想信念、有道德情操、有扎实学识、有仁爱之心的"四有"好老师。

4. 课程思政点及融入方式策略

课程思政点及融入方式策略，如图 2-4 所示。

5. 教学实施过程

（1）复习旧知：教学评价的内容及功能（2 分钟）

教师活动：引导学生回顾上节课所学知识，提问、互动。

学生活动：回忆旧知，回答问题。

设计意图：由于本课程每周只有 3 节课，时间跨度大，根据遗忘曲线，学生对上周所学知识已有部分遗忘，因此用较多的时间进行复习回顾。

（2）课堂讨论（3 分钟）

教师活动：提出两个问题："你了解学习评价方法吗？常用的学习评价方法及工具有哪些？"，引导学生进行讨论，提问个别学生，了解学生的知识储备，帮助教师及时调整教学内容。

学生活动：讨论、查找资料、思考、回答问题。

设计意图：激发学生的学习兴趣，培养理性思维；顺势引入新知识。

（3）引入新知：学习评价的方法（5 分钟）

教师活动：介绍"什么是学习评价方法及常用的评价方法及工具"，通过举例引入量规，如图 2-5 所示。

学生活动：听讲、思考、讨论。

设计意图：讲授新课，激发学生学习兴趣。

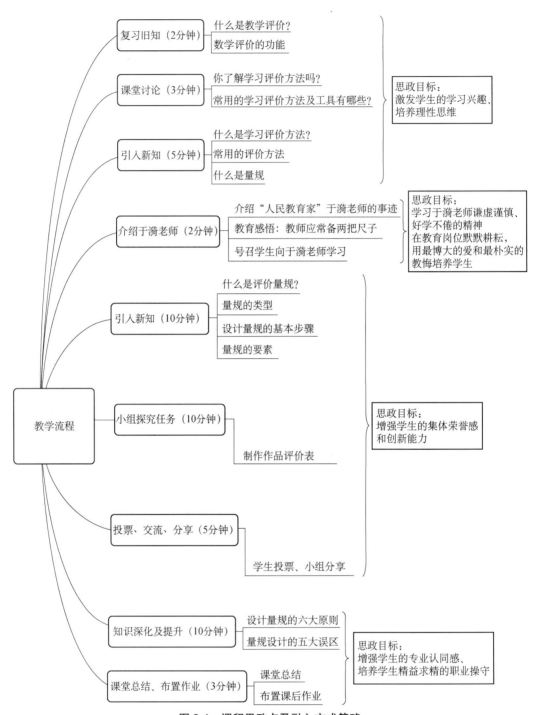

图 2-4 课程思政点及融入方式策略

图 2-5　课堂演示实例（学习评价方法和量规）

（4）介绍于漪老师（2分钟）

教师活动：从量规的定义巧妙地引入"人民教育家"于漪老师说过的教育感悟："做教师，应常备这两把尺子"，介绍于漪老师的事迹，号召学生向于漪老师学习，学习于漪老师谦虚谨慎、好学不倦的精神，在教育岗位默默耕耘，用最博大的爱和最朴实的教诲培养学生。如图 2-6 所示。

图 2-6　课堂演示实例（"人民教育家"于漪）

学生活动：听讲、思考、讨论。

设计意图：以润物细无声的方式进行思想政治教育，培养学生的传道情怀，自觉以德立身、以德立学、以德施教，争做有理想信念、有道德情操、有扎实学识、有仁爱之心的"四有"好老师。

（5）引入新知：评价量规（10分钟）

教师活动：介绍"评价量规的类型、设计步骤及要素"，通过案例介绍评价量规的设计要素。

学生活动：听讲、思考、讨论。

设计意图：突出重点、突破难点，采用案例教学法引导学生思考，激发学习兴趣。

（6）小组探究活动：制作作品评价表（10分钟）

教师活动：创设情境、引导学生思考和讨论，提问学生，提出分组任务——"以小组为单位，设计一份满足教学需要的评价表"。

学生活动：小组合作、分组讨论、共同完成一份评价表并展示在一体机上。

设计意图：学以致用，增加小组凝聚力，提升学生的创新能力。

（7）作品投票、交流、分享（5分钟）

教师活动：要求各组派出代表对小组作品进行阐述，各组进行充分交流，提出改进的建议，教师通过超星学习通发布"投票"活动，要求学生选出最佳作品。

学生活动：组间交流、讨论、小组汇报展示、参与投票活动。

设计意图：通过小组展示、交流互动，促使学生相互学习，共同进步；利用投票活动，提升学生的集体荣誉感和凝聚力。

（8）知识深化及提升：设计量规的六大原则和五大误区（10分钟）

教师活动：采用"理论讲解+案例分析"相结合的方法讲授"设计量规的六大原则和五大误区"相关内容。

学生活动：听讲、思考、讨论。

设计意图：通过分组活动，引导学生认识到自身对制定评价表的不足，从而引入新的教学内容"设计量规的六大原则和五大误区"，这部分内容属于对前面新授课内容的深化及提升，目的在于使学生掌握更科学规范的制作评价表的方法，在知识的深化提升中增强学生的专业认同感和培养学生精益求精的职业操守。

（9）课堂总结、布置课后作业（3分钟）

教师活动：总结本节课的教学重点和难点，布置课后作业，要求各组进一步完善小组作品。

学生活动：课后讨论、完善作品、完成作业。

设计意图：与分组任务相呼应，形成一个迭代上升的闭环，达到巩固知识、掌握技能的目的。

6. 教学成效

本节课始终贯彻"以学生为中心"的教学理念，善于利用信息化工具辅助教学，教学设计与学习目标保持一致，教学活动多元，综合运用启发式、讨论式、研究式、发现式等先进教学方法，将理论教学与实践探索结合起来，注重培养师范生教育教学的意识和能力，充分发挥学生的主观能动性和创造性。

在课堂教学中，通过提问、讨论、知识引领等方法，激发学生的学习兴趣，培养理性思维；通过开展小组合作探究活动，增强学生的集体荣誉感和创新能力，在能力提升中增强学生的专业认同感和培养学生精益求精的职业操守；从量规的定义巧妙地引入"人民教育家"于漪老师说过的教育感悟："做教师，应常备这两把尺子"，介绍于漪老师的事迹，号召学生向于漪老师学习，学习于漪老师谦虚谨慎、好学不倦的精神，在教育岗位默默耕耘，用最博大的爱和最朴实的教诲培养学生，以润物细无声的方式培养学生的传道情怀，自觉以德立身、以德立学、以德施教，争做有理想信念、有道德情操、有扎实学识、有仁爱之心的"四有"好老师。

总的来说，本节课充分尊重教育教学规律和人才培养规律，课堂教学效果良好，达到知识传授、技能提升、价值引领的教学目的。

第 3 章　现代师范生培养模式

"教师教育"区别于"师范教育"的一大特征是"一体化",其中多方协同一体化培养是核心内容。以往的师范生培养"封闭"于大学内,与基础教育脱节,造成毕业生不会教学的困境,校内校外场域文化冲突、政府责任旁观、研修环节断裂[①]等问题严重影响教师质量。因此,在教师教育全过程引入第三方协同培养,提高教师职前职后教学实践能力,得到世界各国的认同。从"教师发展学校"到 UGS 协同,新时代师范生培养机制逐步完善。下面系统介绍协同培养模式的发展,以信息技术师范生为例,介绍大学计算机师范专业的人才培养思路。

3.1　教师协同培养模式

教师协同培养理念在我国公认的是陶行知先生倡导的"教学做合一"教育思想[②],共同体理论与其思想本质是一致的。传统的"师范教育"是 U 模式,在"教师教育"下增加协同方,包括政府及教育管理部门、机构、组织、协会、教师等。

3.1.1　U 模式

U 模式是师范院校、综合性大学主导的模式,在人才培养理念上是以理论为主、以教师传授为主,表现出固有的独断性或封闭性,无对等的教育共同体。有研究分析,在 U 模式下,大学对外合作方式可分为五种:报告演讲型、项目行动型、咨询求助型、实验发展型、师范生实习型。[③] 前四种是灵活邀请或外聘校外人员提升师范生的视野、对社会的了解和实践能力。实习则是主要的师范生到校外体验和训练教学技能的方式,但在 U 模式下实习难以使校内课程与职业岗位要求衔接,在实习结束后,部分师范生仍然不能达到教师岗位入职要求。

①　郭静."UGS"模式下中小学教师研修发展模式探索[J]. 教育评论,2020(11):131-135.
②　陶行知. 陶行知全集(第二卷)[M]. 成都:四川教育出版社,1999.
③　彭虹斌.U-S 合作的困境、原因与对策[J]. 教育科学研究,2012(2):70-72.

3.1.2　US 模式

在 U 模式下，由于培养模式管理上的组织惯性，大学需要进行教师教育改革，中小学又在进行基础教育改革，由于利己主义倾向和发展目标不同，师范院校和中小学合作的效果不明显。因此，要把中小学放在教师培养模式中，与大学处于同等的地位，即形成 US 模式（University-School Partnership），建立"职前职后一体化、产学研相结合"的教师教育制度[①]，同步推进教师教育和基础教育改革，大学和中小学基于平等的地位、遵循互利互惠原则，以中小学为主要实践基地，共同规划、决策、实施与教育教学相关的活动，从而促进学生成长、教师专业发展，最终实现提高教育质量的目标。[②]

1988 年，东北师范大学在吉林省经济发展较为落后的白山市建立基础教育改革与服务实验区，探索大学与地方政府合作、大学与中小学校合作的教师教育模式，被誉为"长白山之路"[③]。2007 年 7 月，教育部出台《教育部关于大力推进师范生实习支教工作的意见》，提出"完善师范生教育实习制度，强化教育教学实践"[④]，推进了对 US 模式的实施。

在国外，美国高校和中小学的合作方式分为三种：给予—接受型、"彼此互利"型、互利互惠型[⑤]。在加拿大，US 合作模式[⑥]有以下几种："实习团队"模式，每个团队由大学教师、学生、辅导老师和协调者组成，协调者主要负责实习计划、进度等，大学教师承担加强大学与中小学联系的职责；"学习策略团队"模式，该模式侧重点是中小学的整体改革发展，主要观察教师的教学行为；"网络合作伙伴"模式，利用网络平台来拓宽合作渠道，大学和中小学教师、实习生都要参与网络课程设计。

3.1.3　UGS 模式

1. UGS 模式起源

US 模式在发展过程中逐步增强了政府和教育行政部门的作用，典型代表是美国的"教师专业发展学校"（PDS）。第二次世界大战后，美国认为教师教育不能完全依赖独立的师范教育和"教师的团体专业化"，因为教师也是一种职业[⑦]，应当在师范院校之外引入支持教师专业发展的优势资源；同时，教师专业发展应该是个性化的，即要根据每位教师的优点和缺点制定专业发展方案。在美国政府的主导下，教师教育从总体的"教

---

① 李静. U-S 教师教育共同体：目标、机制与策略[J]. 教育理论与实践，2012（8）：32-34.

② 李伟，程红艳. "U-S" 式学校变革成功的阻碍及条件[J]. 高等教育研究，2014（6）：68-69.

③ 管培俊. 在"长白山之路"二十周年上的讲话[N]. 东北师范大学校报，2009-01-14.

④ 教育部关于大力推进师范生实习支教工作的意见[EB/OL].（2007-07-05）[2022-02-06]. http://www.moe.edu. cn/publicfiles/business/htmlfiles/moe/s7011/201212/xxgk_145953.html.

⑤ 伍红林. 美国大学与中小学合作教育研究：历史、问题、模式[J]. 比较教育研究，2008（8）：64-65.

⑥ 谌启标. 加拿大大学与中小学合作伙伴的教师教育改革[J]. 湖南师范大学教育科学学报，2009（3）：72-73.

⑦ Recommendation Concerning the Status of Teachers（Adopted on 5 October 1966 by the Special Intergovernmental Conference on the Status of Teachers，convened by UNESCO，Paris，in copperation with the ILO）.

师专业化"具体化为个体化的"教师专业发展"，从纯粹学院理念式的课程教学理论研究扩展为对教师教学能力的积极建构[①]，有条件的中小学建设成为教师专业发展学校，承担了教师职前和职后发展一体化的任务，US 模式发展成为 UGS 模式（University-Government-School Model）。

我国的 UGS 模式起源于东北师范大学。[②] 2007 年，温家宝总理到东北师范大学视察时做出了"要培养成千上万的教育家来办学，要实施师范生免费教育，吸引最优秀的学生做教师"的指示。以"融合的教师教育"理念为指导，以"教师教育创新东北实验区"（下简称"实验区"）建设为载体，以培养造就优秀教师和未来教育家为目标，东北师范大学提出并实施了 UGS（"师范大学—地方政府—中小学校"）合作教师教育新模式。同年，东北师范大学与辽宁省教育厅、吉林省教育厅、黑龙江省教育厅分别签署协议，共建"教师教育创新东北实验区"[③]。

2012 年，《教育部国家发展改革委财政部关于深化教师教育改革的意见》指出："地方综合性院校、师范高等专科学校、中等师范学校要根据教师培养要求，积极调整专业结构，加强小学和幼儿园教师培养。教育部与各省级人民政府共同建设一批师范大学和职业技术师范院校。支持部属师范大学与地方师范院校合作建立区域性教师教育联盟。"[④]

2014 年，教育部颁布的《教育部关于实施卓越教师培养计划的意见》指出，要"建立高校与地方政府、中小学'三位一体'协同培养新机制"，并要求"建立稳定的教育实践基地和教育实践经费保障机制，切实落实师范生到中小学教育实践不少于 1 个学期制度"。[⑤]

2. UGS 模式内涵

UGS 模式下的教师教育本质上是一种"教师教育合作发展共同体"，实施"融合的教师教育"，涵盖通识教育与专业教育的融合，学科教育与教师职业教育的融合，教育理论与教育实践的融合，教师职前培养与教师职后培训的融合，师范大学与地方政府、中小学校的融合等。其中，教师教育课程体系各要素之间能否有机融合，教师培养的目标能否实现，在很大程度上取决于参与教师教育的这些主体；而且，不仅取决于他们的个体素质，更取决于他们对教师教育理念的共识，以及基于这些共识的相互配合，还有师

① 张建鲲. PDS的双重背景及对师范院校教师教育的启示——以天津师范大学教师教育改革为例[J]. 天津市教科院学报，2008（03）：47-49.
② 李广. "U-G-S"教师教育模式建构研究——基于教师教育创新东北实验区建设的实践与思考[J]. 北京教育，2013（10）：10-11.
③ 刘益春，李广，高夯. "U-G-S"教师教育模式建构研究——基于教师教育创新东北实验区建设的实践与思考[J]. 教师教育研究，2013，25（01）：61-64，54.
④ 教育部国家发展改革委财政部关于深化教师教育改革的意见[EB/OL].（2012-09-16）[2022-02-06]. http://www.moe.edu.cn/publicfiles/business/htmlfiles/moe/s3735/201212/145544.html.
⑤ 教育部关于实施卓越教师培养计划的意见[EB/OL].（2014-08-18）[2022-02-06]. http://www.moe.edu.cn/publicfiles/business/htmlfiles/moe/s7011/201408/174307.html.

范生之间的合作，包括合作意识的培养、合作实践等。

UGS 模式从教育理念上是以人的发展为核心的教师教育新体系。[①] 教师教育的价值追求绝不单纯聚焦于师范生在校期间的专业培养，重点在于关注全体教育者的专业发展。师范大学的教师专业发展要以师范专业学生的发展为办学使命；师范专业学生的发展要以成为优秀教师、促进中小学校的学生发展为职业追求。此外，师范大学在进行师范生专业培养的同时，为基础教育中小学校在职教师提供多元化的帮助，促进在职教师专业成长；中小学校在职教师在自身取得专业成长的同时，能够积极投入于教育实践，良好育人，又能够反哺师范大学，协助师范大学做好师范生教育实习指导工作。这样，UGS 模式始终以"人"作为模式运行与实施的逻辑起点和最终归宿，构建了以人为本的教师教育新体系。

在 UGS 模式中，还强调"知行统一"的学习观，以"行动中反思""行动中认识""认识中反思""认识中行动"的"反思性实践"为取向，突出教师的主体性，依靠教师自主实践和反思来融会贯通教育实践中长期分离的"理论"和"实践"。例如，中小学教师的"国培""省培"等教师专业发展项目，既有理论讲座也有小组合作实践、外出考察等内容。

3. UGS 模式组织构架

图 3-1 描述了一种 UGS 合作培养师范生模式组织构架[②]，其核心是建立由大学、地方政府、中小学三方共同参与的合作团队。

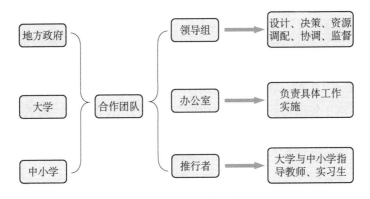

图 3-1　UGS 合作培养师范生模式组织构架

第一，领导组由大学负责合作的领导及教师、地方政府相关领导、中小学校长及教师组成，三方通过签订协议明确各自的权利与义务，以会议方式决定合作重要事宜，共同制定合作的管理条例及实施方案。其中，政府不仅为合作提供制度保障，更要对大学与中小学参与教师教育工作起到监督作用。第二，建立合作办公室，其工作人员由大学主管合作的教师、中小学管理人员组成，负责教师培训和师范生实习等合作工作，承担

① 刘益春，高夯，董玉琦，等. "U-G-S" 教师教育新模式的探索[J]. 中国大学教学，2015（03）：17-21.
② 郭真珍. "U-G-S" 合作培养师范生模式研究[D]. 临汾：山西师范大学，2016.

UGS 合作中的具体事宜及协调工作，在合作团队中起到承上启下的作用。第三，师范生实践能力培养的直接推行者是大学与中小学指导教师，他们直接负责师范生实习工作，包括全程指导、分期监督、管理师范生日常事宜等。

4. UGS 模式实施

天津师范大学从培养人才、发展科学与服务社会"三位一体"的大学职能体系出发，成立"教师教育处""教育学院"和"天津市基础教育研究中心"①，从培养人才层面实现了职前教师教育与在职教师教育的有效融通，实现了对职前教师教育、在职教师教育、教学实践能力培养、在职教师专业发展等工作的有机整合。天津大学设立"课程与教学研究中心"，致力于在教师教育中实现大学培养人才与发展科学职能的统一，为实现"教师作为研究者"的理念、实现教师教育的"学术性"与"师范性"的融合做出了积极的尝试。天津大学在为本科层次教师教育提供学科支撑的同时，在研究生层次的教师教育中实现人才培养与学术研究的统一，更好地为天津市基础教育服务，为沿海发达地区教师教育的深化改革和高质量教师的培养进行了前瞻性的探索。天津大学成立"天津市基础教育研究中心"，鼓励相关院所积极为社会服务，以其近年来设立的PDS 学校为平台，鼓励相关院所通过与中小学开展广泛的合作，在教师培养与科学研究的过程中积极推广自身的理论研究成果，在听取中小学意见与需求的基础上主动为中小学服务，从而在教师教育的过程中实现了培养人才、发展科学与服务社会的职能的统一。

3.1.4　UGST 模式

韩山师范学院通过创建国家教师教育创新实验区来开展"新师范"建设，构建注重协同育人、创新能力和实践能力的教师教育新模式，提出"高校—地方政府—中小学幼儿园—教师"四位一体的协同机制（以下简称"UGST 模式"）②，推进教师教育职前职后一体化发展，致力于形成"高等教育与基础教育互动，职前教育与职后培训一体，理论教学与实践能力培养契合"的教师教育新体系，实现教育资源共享、人才成长对接、培养培训一体、教育研究互动、专业发展协同。

相比 UGS 模式，UGST 模式突出了教师在教师教育中的主体地位，体现了"人本主义"的内涵。

（1）培养对象的创新：从职前教师扩展到"三类人"

高校教师的教育教学能力直接影响到师范生的培养质量和一线教师的培训质量。因此，韩山师范学院确定创建教师教育创新实验区、深化教师教育改革的对象应包括"三

① 张建鲲. PDS 的双重背景及对师范院校教师教育的启示——以天津师范大学教师教育改革为例[J]. 天津市教科院学报，2008（03）：47-49.
② 陈树思，黄景忠，林浩亮. 教师教育对象、范式与机制的创新——韩山师范学院创建国家教师教育创新实验区的探索与实践[J]. 韩山师范学院学报，2021，42（02）：93-100.

类人"，即未来的教师（在读师范生）、现在的教师（在职中小学幼儿园教师）、培养未来的中小学幼儿园教师和培训现在的中小学幼儿园教师的大学教师。

（2）培养范式的创新：从"知识范式"转向"能力范式"

教育部颁布的教师专业标准高度重视学生解决实际教育教学问题的能力。高校要按照师范专业认证标准，突出"学生中心、产出导向、持续改进"理念，把"专业能力""职业能力"和"事业追求"融为一体，提高师范生"毕业即就业"的胜任力。

（3）合作机制的创新：从独立发展走向协同共享

新时代的教师教育改革，特别是推进教师教育职前职后一体化，高校要改变以往闭门造车、独立发展的思路，坚持需求导向、协同创新、深度融合、开放多元的基本原则，加强高校间、高校与地方政府间、高校与中小学幼儿园间的合作，努力构建多元相融、与基础教育紧密契合的、开放式的教师教育新格局。

3.1.5　UGSO 模式

在信息技术学科的专业特点下，传统的 UGS 模式无法满足师资培养、教育信息化技术服务支持体系、企业实践环境等条件需求，直接影响协同培养的效果。例如，中学要实施人工智能课程，教师要培训，教材、教案需要更新，机器人等软件和硬件需要购置，教学理念和方法需要更新，UGS 模式并不能达到良好效果。高校计算机师范专业需要培养能从事人工智能教育的卓越教师，不仅要掌握中学的需求，也要了解相关技术发展的现状与趋势，在师资、教学资源和实验室建设上需要第三方的支持。

因此，秉承协同培养的理念，借鉴产教融合的思路，提出"高校—地方政府—中小学—社会教育组织"四位一体的卓越教师协同培养模式（以下简称"UGSO 模式"），其中社会教育组织（Organization）泛指学科专业相关或跨学科的产业、企业、机构单个主体或联合体。与信息技术学科相关的，有计算机行业的教育培训机构、科研机构、软件和硬件生产企业、应用重点企业，以及行业协会等，也包括心理学、教育学、电子、机械等关联专业。

UGSO 模式如图 3-2 所示，其中，UGS 主体是卓越教师教育培养的主导方，O 主体是培养条件支持方。高等学校以省级中小学教师发展中心等形式与政府、中小学共建教师教育改革实验区，协同开展卓越教师培养工作。O 主体通过产教融合方式嵌入高校和中小学工作过程中，形式可包括产学研合作育人项目、产业学院、课程共建、竞赛、课外实践活动、师资培训等。地方政府或教育行政部门可通过 O 主体掌握管理决策所需的调研资料。

UGSO 模式能有效解决卓越教师培养过程的资源条件要素，丰富各教师培养主体的合作理念和内涵，为实现共同发展提供了重要方案和途径。

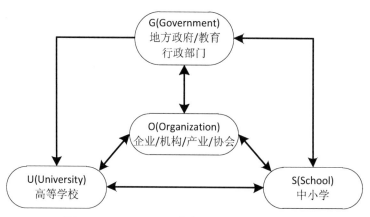

图3-2　UGSO四位一体卓越教师协同培养模式

首先，UGSO模式是一个发展共同体。有限理论表明多元主体通过沟通，可突破单个主体的理性局限，从分化散乱的群体改变发展为有组织性的规划群体。UGSO模式可以让各发展主体体现优势、互补短板，提供发展新动力，是社会发展的必然结果。

其次，UGSO模式是一个知识分享体。资源依赖理论表明，任何独立的组织体都有一些其他组织难以复制的关键资源，组织和个体发展必须通过多种途径获取所需的各种资源。O主体提供代表先进水平的成熟教育产品，同时获取教育领域的新知识和新需求，而U主体和S主体在O主体的协助下能高效达成培养目标。更重要的是，模式中的成果完善后升级为知识库，就可以规模化分享，产生更大的教育效益。例如，慕课（MOOC）、教学资源包、教学模式、教学套件等。

最后，UGSO模式是产教融合的践行体。当前新技术、新产业、新业态、新模式的发展需求，促使高等学校要深化产教融合，推进应用型大学转型，改革专业人才培养模式和提高办学质量。2017年，国务院印发了《关于深化产教融合的若干意见》，要求切实把"产教融合，校企合作，协同育人"落到实处，促进教育链、人才链与产业链、创新链有机衔接。《教育信息化2.0行动计划》也提到要充分利用相关企业专业化服务的优势，探索和建立便捷高效的教育信息化技术服务支撑机制。《教师教育振兴行动计划（2018—2022年）》强调高等学校与大中型企业共建、共享师资，推进高校与中小学教师、企业人员双向交流。高校与中小学、高校与企业采取双向挂职、兼职等方式，建立教师教育师资共同体。《教育部关于实施卓越教师培养计划2.0的意见》则明确要遴选、建设一批优质教育实践和企业实践基地，在师范生教育实践和专业实践、教师教育师资兼职任教等方面建立合作共赢长效机制，高校与行业企业、中等职业学校联合培养中职教师。因此，UGSO模式是产教融合理念在卓越教师教育培养领域的有益探索。

韩山师范学院在信息技术学科教师培养中实施UGSO模式，具体有以下做法。

（1）以创建国家教师教育创新实验区为目标

2015年，在粤东区域启动师范专业卓越教师协同培养工作，学校党委把创建国家教师教育创新实验区作为新时期教师教育改革发展的一项重要标志性工作，成立党委书记和校长担任组长的工作小组，由教育发展研究院依托省级中小学教师发展中心推进 UGSO 四位一体卓越教师协同培养平台建设。平台以落实立德树人为根本任务，充分利用学校百年师范教育的传统与优势，坚持"协同创新"的建设理念，以"新师范"建设为引领，以问题为导向，逐步构建注重协同育人、创新能力和实践能力的教师教育新模式，在提升学校教师教育办学水平和引领、服务地方基础教育改革发展方面取得较好的成效。

（2）以打造卓越教师协同培养组织为阵地

在 UGSO 平台中，根据层次和职能设立四个协同培养组织：教师发展校地协作组、教师专业发展学校、基础教育学科群、产业学院。

教师发展校地协作组负责规划、统筹、组织、指导区域教师专业发展活动，由高校和教育行政部门的负责人构成，是 UGSO 平台管理和决策的组织。

教师专业发展学校是具备基础教育学科优势的中小学集群。高校师范专业与教师专业发展学校呈现多对多的关系，通过项目合作、课程开发、师资互聘、交流培训、见习实习、文化建设、成果出版等方式，联合开展师范生职前培养和职后继续教育，是 UGSO 平台的基础组织。

基础教育学科群涵盖 UGSO 四个主体，是以基础教育学科卓越教师培养为目标，以地方各市省级名师工作室、市级教师工作室、班主任工作室等为依托，通过学术会议、同课异构、教学观摩、考察研讨、课题合作、成果共建等形式，为中小学教师、师范院校课程教学论教师和师范生提供交流、学习和提升的条件。学科群聘请教育局教研员为顾问；珠三角、粤东和知名教师组成首席专家团队，负责学科群日常工作；教师专业发展学校优秀教师作为骨干教师团队，学科教师、师范生和企业作为成员。基础教育学科群是 UGSO 平台学科活动的载体。

产业学院面向学科卓越教师培养需求，采取高校相关专业与企业共建、教师专业发展学校参与的形式，鼓励跨学科、跨专业、多机构，在专业、学科、课程、师资、教学资源、实验室、竞赛、创新创业等方面引入机构优势资源，是 UGSO 平台发展的条件保障。

（3）以落实协同培养管理制度为保障

协同培养各方都有各自的管理规范和工作特点，为保障卓越教师协同培养工作的顺利推进，韩山师范学院逐步制定"高校协同粤东三市教育局创建国家教师教育创新实验区建设方案""教师专业发展学校建设及管理制度""粤东基础教育学科群建设及管理制度""产业学院管理办法"等多个相关制度。

（4）共建省级示范性教师教育实践基地

为更好推进"新师范"建设和教育部师范专业认证工作，按照广东省教育厅部署，在 UGSO 平台中遴选有较好协同培养工作条件和基础的教师专业发展学校为省级示范性教师教育实践基地。2018年，已经在粤东建立8个省级基地，对应校内8个师范专业，在教育实践、教师培训、教育教学研究、基地学校发展等方面基本起到以点带面的作用。

信息技术学科对应的省级基地是一所市区初中，该学校具有很大的优势：领导重视，信息技术学科教学体系完整（包括机器人、创客、信息技术课程、信息学竞赛），实验室等硬件完善，每年组队参加国内外各级信息学、机器人和创客竞赛，信息技术课程在所有年级开设；积极参加 UGSO 平台学科群工作，包括公开课和教师研讨活动；能支持计算机专业师范生完成人才培养方案要求的实践环节，包括教学观摩、教育实习、教学研讨、指导竞赛和课外实践活动课程，能实施高校和基地学校"双导师制"，学生师德体验、管理和专业教学教研实践能力得到深入锻炼。

学校多个专业在基地实施对师范生的职前培养，还聘请基地一线教师到学校讲授教师教育课程，参与专业人才培养方案论证，担任实践指导教师、毕业论文指导教师等。学科教学论教师和基地学校也互相到对方单位开展教学观摩、研讨工作，共建单位教师的专业素养都得到了有效的提高，特别是基层教学单位的老师能够通过交流、合作，接受继续教育，补充最新的教育信息和理念，促进了基础教育、中等教育和高等教育的有效衔接。基地的建设推动了高校和基础教育的专业研究氛围，提供了孵化成果的环境。

3.1.6　教育联盟模式

在 UGS 模式下，区域的协同教育资源出现竞争、共享等情况，通过建立"教育联盟"可以实现区域内资源共享，协同主体优势互补，达到既竞争又共同进步的平衡局面，间接促进形成各协同主体争先创优的氛围。

2012 年，东北师范大学与东北三省四所师范大学共同组建了东北高师教育联盟。五所师范高校实行教师教育资源共享，共同建设、开发教师专业教育课程、通识教育课程和实践课程体系，实现课程资源的整合与互补。同时，实行校际之间学分互认方案，促进学生交流，加强师生沟通。东北教师教育联盟根据各学校的不同特点和各自的办学特色，取长补短，通过多方努力，在不同层面上使 UGS 模式在东北地区得到大范围推广。

3.2　高校信息技术学科人才培养

3.2.1　课程体系

面对培养信息技术学科卓越教师的挑战和质量要求，计算机师范专业课程体系通过以下措施进行优化。

1. 根据师范专业认证标准进行总体框架设计

以《普通高校本科专业类教学质量国家标准》和《教师教育课程标准》为要求，围绕落实"一专多能"专业特色，建立体现通识教育、学科专业教育与教师教育课程有机结合的理论课程与实践课程、必修课与选修课设置合理、各类课程学分比例适当、以能力为导向的课程体系。具体课程体系设置如表3-1所示。其中教师教育课程和职业技能实践课程学分比例为23%，应用性较强的教学手段等课程学分比例为15%，落实了能力为主、应用为先的卓越教师培养原则。

表 3-1　计算机科学与技术（师范）专业课程体系

课程类别	主干课程	毕业要求
通识课程	思想政治课程、公共体育、大学英语、音乐/美术鉴赏、生命教育概论、社会实践与调查、心理健康教育、大学语文、职业生涯规划与就业指导	坚定的政治立场，正确的人生观、世界观，身心健康，掌握外语，具有职业道德、专业伦理、人文素养、社会责任
教师教育课程	教师口语、学科教学论、微格教学及教学技能	具有教师素养、教学理念、教学方法和教学工具，具有教学和担任班主任的能力
	心理学、教育学、教育心理学、班级管理学	
	钢笔、毛笔、粉笔、现代教育技术	
职业技能实践课程	教育调查、教育观摩见习、教育服务、教育实习、毕业论文	具有教学能力，运用专业知识解决问题
专业课程	高等数学、离散数学、概率论与数理统计、线性代数	具有数学基础
	C 语言程序设计、C 语言课程设计、面向对象程序设计（Java）、Web 前端设计、UML 面向对象分析与设计、Java Web 开发、Android 应用开发、程序类专业任意选修课2门	具有程序设计能力，遵循规范，协调沟通，团队合作
	计算机科学概论、数据结构、数据库系统原理、计算机网络、软件工程、操作系统、计算机组成原理、数字电路、模拟电路	具有计算机科学基础
	数字图像制作、Flash 课件制作、微课设计与制作、中小学信息技术实践活动设计、教育评价与测量、教育政策与法规、教育信息化类任意选修课2门	具有教学手段和工具，以及教研方法、法律法规、创新思维

2. 结合教育信息化和学科发展趋势设置特色课程

根据教师资格证考试要求，开设学科教学法、心理学、现代教育技术等教师教育课程。在专业课程类别中，开设与教师岗位职业能力密切相关的教学手段和工具、教研方法课程，以及法律法规和创新思维课程；除传统的多媒体技术外，开设新出现的微课、慕课与翻转课堂、数据挖掘、人工智能等课程。根据对基础教育信息技术和科学课程教师的要求，结合教育部《中小学综合实践活动课程指导纲要》精神，在设计制作活动（信息技术）推荐主题的基础上，开设"中小学信息技术实践活动设计"课程。该课程采取STEAM创客理念开展教学活动，内容涵盖多媒体、三维造物、物联网、人工智能/机器人、数据分析、3D打印等前沿信息技术，锻炼学生的创新思维和教学应用能力。

3. 校企合作推进课程建设

依托UGSO平台中的产业学院，在"中小学信息技术实践活动设计""慕课与翻转课堂""数据挖掘"等课程开展专题讲座、实验指导、教学资源建设、教材编写、师资培训、实验室建设等校企共建项目。

3.2.2 教师教育课程设置

《国家中长期教育改革和发展规划纲要（2010—2020年）》提出"造就一支高素质专业化教师队伍"。高素质专业化教师不仅具有优秀的师德、良好的教风和学风，而且应该拥有广博的科学文化知识、学科专门知识、教育心理知识和丰富的教育实践知识，还应该具有高超的教学能力和科学的教育能力。

2011年公布的《教师教育课程标准（试行）》提到的"教师教育课程"就指的是教育类课程，包括教育学、心理学、教学法和教育实践，规定教育实践课程的目标为"具有观摩实践、参与和研究教育实践的经历与体验"，并建议将教育实践课程设置为教育见习、教育实习等模块。其中，教育实践课程学习时长为18周，落实"实践取向"的课程理念。下面介绍两种教师教育课程构建的模式。

1. 闽南师范大学模式[①]

利用UGS机制支持，组建专家小组，包括高校课程制定专家组、地方行政部门学科教育专家组及学科带头人、中小学优秀学科专家及课程设置组。然后，根据教育部对职前教师教育实践课程标准的相关要求，结合高校、地方政府、中小学合作的实际情况，从"为实践的经验""在实践的经验"和"对实践的经验"三阶段的目标出发，设立适合高等师范院校体系化的职前教师教育实践课程标准（见表3-2），最后高校制定出适合自己的职前教师教育实践课程标准。

表 3-2 职前教师教育实践课程标准

目标领域	目　　标	基本要求
教育实践与体验	具有实践准备训练的经历与体验	1. 结合相关课程的学习，训练教师教育实践中需要用到的技能，掌握教师口语、教师书写、多媒体课件制作。2. 利用校园资源，模拟教育教学场景，分解式锻炼课堂教学技巧，获得对教学实践的认识和初体验。3. 结合理论知识，对自己的教育演习进行评析，总结反思后再次锻炼，直至获得教育实践所需能力
	具有观摩教育实践的经历与体验	1. 观察见习学校校园，了解学校的概况，知道中小学校的管理者和机构设置。2. 进入见习班级听课，了解课堂教学的整体流程，以教师专业角色来观察课堂，做好观察记录。3. 带着问题深入观察学校和班级，做好听课和评课工作
	具有参与教育实践的经验与体验	1. 进入教育实习场所，与中小学实习指导教师相互了解，建立平等、信任、互助的关系。2. 进行观摩课堂教学和班主任工作，做好记录，并与指导教师交流。自己走上讲台上课，并管理班级。3. 经常与指导教师就教育教学中遇到的实际问题展开交流讨论，在教研探讨过程中反思自己的实践，提升教育实践能力
	具有研究教育实践的经历与体验	1. 从进入见习、实习中小学起，开始做观察记录，整理成观察报告。2. 对于每天的见习实习经历进行总结，撰写见习、实习日志，同伴之间可以交流。3. 运用简单的教育研究方法，研究自己实际遇到的困难，积累素材，撰写毕业论文

教师教育实践课程包括实践准备阶段、实践体验阶段、实践反思阶段三大阶段，课

---

① 董雅琪.UGS机制下职前教师教育实践课程的设置与实施[D]. 漳州：闽南师范大学，2016.

程进程安排如表 3-3 所示。

（1）实践准备阶段

教师技能训练（教师语言、教师书写、教育技术、班级管理、心理辅导、课例分析）；模拟教学（微格教学、片段教学）；教育演习（说课、试教）。

（2）实践体验阶段

教育见习（包括观摩、听课、评课、教育调研）；教育实习（包括课堂教学、班主任工作、教育调查）。

（3）实践反思阶段

教育调查研究（包括教育日志、毕业论文、观察报告等）。

表 3-3　教师教育实践课程进程安排

课程阶段	课程名称	学 分 数	学 时 数	开课学期	实践方式
实践准备阶段	教师语言	1	18	1	课堂与平时训练结合
	教师书写	1	18	1	课堂与平时训练结合
	教育技术	2	36	4	在高校教育实训中心进行
	班级管理	2	36	5	在高校与中小学场域进行
	心理辅导	2	36	5	高校集中学习
	课例分析	2	36	5、6	在高校与中小学场域进行
	微格教学、片段教学	2	36	5、6	在高校分散进行
	说课、试教	2	36	5	在高校教育实训中心进行
实践体验阶段	教育见习	2	2周	5、6	分散进入中小学
	教育实习	12	18周	7	集中深入中小学
实践反思阶段	观察报告	1		5	深入中小学现场
	教育日志	1		5	在高校与中小学场域进行
	毕业论文	6	8周	8	在高校集中进行

实践准备阶段课程内容及具体要求如表 3-4 所示。

表 3-4　实践准备阶段课程内容及具体要求

课程阶段	课程类别	课程内容	课程要求	备注说明
实践准备阶段	教师技能训练	教师语言	熟练掌握教师用语，普通话达到二级乙等以上	不同专业对普通话等级要求不同
		教师书写	掌握"三笔字"和"规范字"书写，能够设计精美的板书	钢笔字、毛笔字、粉笔字
		教育技术	学会多媒体课件制作，会使用投影仪等电子教学设备	多媒体课件实用、美观
		班级管理	了解班主任工作的具体内容、要求、特点和工作方法	

课程阶段	课程类别	课程内容	课程要求	备注说明
实践准备阶段	教师技能训练	心理辅导	掌握学生心理，能够对学生进行心理健康教育	
		课例分析	能够使用教育理论对所教学科教学案例进行分析	
	模拟教学	微格教学	将课分解成导入、新授、巩固练习、课堂提问等环节进行有针对性的练习	片段教学实践控制在10～15分钟
		片段教学	对所教学科进行片段教学，教师仪态大方、教学语言熟练、教学重点突出	
	教育演习	说课	写说课稿、说课演习，能体现课程设计理念	
		试教	对所教科目进行实习前试教练习	

教育见习课程分两次进行。第一次教育见习在第5学期，师范生进入中小学现场，有高校教师带队，以4～5人为一个小组，分到各个年级。第一次教育见习内容包括参观中小学校园，了解中小学领导及学校相关制度，感受校园文化，听课、评课，撰写观察报告，写下自己在教育见习中发现的问题。第二次教育见习安排在第6学期，经过第一次进入中小学现场感受，以及第5学期针对自己在知识和技能上的欠缺而加强的教师技能训练和教育理论的学习之后，师范生的专业感受已经有了强化，这时的教育见习任务包括听课、评课，尝试上课，与中小学指导教师就自己在第一次和第二次见习中发现的教育教学方面的问题进行讨论，写出教育调查研究报告。

教育实习的内容包括课堂教学、班主任工作、教育调查研究。教育实习分前期、中期和后期。教育实习前期也就是第一周、第二周，师范生要对实习学校进行了解，了解班级学生、教师的情况，了解学生课程、教材的情况，以及所在中小学校作息的情况，以听课、观察课堂、与教师交谈、与学生交谈的方式进行了解。教育实习中期，师范生要亲自上课，写教案、上课、与教师讨论课程，学习班主任管理的工作任务，了解班级建设和团队工作，参与所在年级所教学科的教研组研讨会。实习生需要每周参加一次同伴讨论会，每周五与指导教师进行一次交谈，了解自己在哪些方面还存在不足，有待加强。教育实习后期，即实习的最后5～6周，师范生在承担课程教学和班级建设工作的基础上开始进行教学研究，通过与高校导师、中小学教师的交流，确定研究问题，单独或者与中小学教师合作开展调查研究，以调查报告的形式呈现研究成果。

2. 韩山师范学院模式

充分利用 UGSO 平台，建立融师德教育、教育调查、教育见习、教育服务、教育实习、班级管理及教学研究为一体的"全程叠加式"师范生技能实践教学体系，主要有以下做法。

大学一年级，结合思想政治理论、思想道德修养等课程的教学进行教育调查、教学体验，让学生到教师专业发展学校开展"三下乡"教育调查活动，体验一线基础教育教学活动。

大学二年级，结合教育学、心理学等基础教育理论教学进行教育见习，让学生体验教育学、心理学理论在教育实践中的具体应用，并鼓励学生参加教师专业发展学校的活动。

大学三年级，结合学科教学论的学习，为发展学校提供包括班主任管理、指导第二课堂活动、心理健康咨询和辅导等教育服务；同时鼓励学生与一线教师共同研究教育实践问题，学校通过创新创业项目予以立项，提升学生对教育问题的认识和研究能力。

大学四年级，结合开展教育实习活动，让学生以实习教师的身份独立开展教育教学工作，鼓励学生以教育领域实践作为毕业论文（设计）选题。针对社会对少儿编程、机器人、创客等信息技术教育培训的需求，在产业学院的支持下，学生可到企业观摩生产活动，到教育培训机构见习和实习。

另外，建立激发学生创新实践能力的第二课堂培养体系，主要做法有：校企合作共建创新、创业校内外基地；鼓励师范生通过创新、创业项目体验教育调查、微课/慕课制作、教育产品制作等社会实践；建设智慧教育实验室，用于支持创客、机器人、人工智能等智慧教育学习能力的培养，增加图书、数字化资源和基础教育教材等。实践教学体系的建设对师范生培养产生了积极效果，学生通过教学观摩、教育实习、竞赛指导等形式锻炼了师范技能和信息技术素养。

第 4 章　课程建设实践

教育部在2019年发布的《关于一流本科课程建设的实施意见》[①]的总体目标是：全面开展一流本科课程建设，树立课程建设新理念，推进课程改革创新，实施科学课程评价，严格课程管理，立起教授上课、消灭"水课"、取消"清考"等硬规矩，夯实基层教学组织，提高教师教学能力，完善以质量为导向的课程建设激励机制，形成多类型、多样化的教学内容与课程体系。经过三年左右时间，建成万门左右国家级和万门左右省级一流本科课程（简称一流本科课程"双万计划"）。

一流本科课程"双万计划"具体内容：

① 认定万门左右国家级一流本科课程。注重创新型、复合型、应用型人才培养课程建设的创新性、示范引领性和推广性，在高校培育建设基础上，从2019年到2021年，完成4 000门左右国家级线上一流课程（国家精品在线开放课程）、4 000门左右国家级线下一流课程、6 000门左右国家级线上线下混合式一流课程、1 500门左右国家虚拟仿真实验教学一流课程、1 000门左右国家级社会实践一流课程认定工作。

② 认定万门左右省级一流本科课程。各省级教育行政部门根据区域高等教育改革发展需求，参照本实施意见要求，具体组织实施本地区一流本科课程建设计划。推荐国家级一流课程，注重解决本地区高校长期存在的教育教学问题，因地制宜、因校制宜、因课制宜建设省级一流本科课程。

推荐课程必须至少经过两个学期或两个教学周期的建设和完善，取得实质性改革成效，在同类课程中具有鲜明特色、良好的教学效果，并承诺入选后将持续改进。推荐课程在符合相关类型课程基本形态和特殊要求的同时，在以下多个方面具备实质性创新，有较大的借鉴和推广价值。

① 教学理念先进。坚持立德树人，体现以学生发展为中心，致力于开启学生内在潜力和学习动力，注重学生德智体美劳全面发展。

② 课程教学团队教学成果显著。课程团队教学改革意识强烈、理念先进，人员结构及任务分工合理。主讲教师具备良好的师德师风，具有丰富的教学经验、较高的

---

① 教育部关于一流本科课程建设的实施意见[EB/OL].（2019-10-31）[2022-02-06]. http://www.moe.gov.cn/srcsite/A08/s7056/201910/t20191031_406269.html.

学术造诣，积极投身教学改革，教学能力强，能够运用新技术提高教学效率、提升教学质量。

③ 课程目标有效支撑培养目标达成。课程目标符合学校办学定位和人才培养目标，注重知识、能力、素质的培养。

④ 课程教学设计科学合理。围绕目标达成、教学内容、组织实施和多元评价需求进行整体规划，教学策略、教学方法、教学过程、教学评价等设计合理。

⑤ 课程内容与时俱进。课程内容结构符合学生成长规律，依据学科前沿与社会发展需求动态更新知识体系，契合课程目标。教材选用符合教育部和学校教材选用规定。教学资源丰富多样，体现思想性、科学性与时代性。

⑥ 教学组织与实施突出学生中心地位。根据学生认知规律和接受特点，创新教学模式；因材施教，促进师生之间、学生之间交流互动、资源共享、知识生成；教学反馈及时，教学效果显著。

⑦ 课程管理与评价科学且可测量。对教师备课要求明确，对学生学习管理严格。针对教学目标、教学内容、教学组织等采用多元考核评价方式，过程可回溯，能够积极改进。在教学过程中，材料完整，可借鉴，可监督。

4.1　线　下　课　程

4.1.1　建设标准

线下一流课程主要指以面授为主的课程，以提升学生综合能力为重点，重塑课程内容，创新教学方法，打破课堂沉默状态，焕发课堂的生机与活力，较好地发挥课堂教学主阵地、主渠道、主战场的作用。[①]

根据收集的关于一流课程评审的指标文件[②]，关于线下一流课程的评审标准及对应分值如下。

1. 课程目标符合新时代人才培养要求（15 分）

① 符合学校办学定位和人才培养目标，坚持立德树人。（5 分）

② 坚持知识、能力、素质有机融合，注重提升课程的高阶性、突出课程的创新性、增加课程的挑战度，契合学生解决复杂问题等综合能力养成的要求。（5 分）

③ 目标描述准确、具体，对应国家、行业、专业需求，符合培养规律，符合校情、学情，达成路径清晰，便于考核评价。（5 分）

---

① 教育部关于一流本科课程建设的实施意见[EB/OL]．（2019-10-31）[2022-02-06]．http://www.moe.gov.cn/srcsite/A08/s7056/201910/t20191031_406269.html.

② 全网最全|国家级一流课程评审指标[EB/OL]．（2021-02-20）[2022-02-06]．https://mp.weixin.qq.com/s/P-EWb1tmoOT54URUcvirXQ.

课程目标专注于课程思政（立德树人）、知识能力素质的有机融合、目标的高阶性、创新性及挑战度、课程目标必须对应国家对行业专业的发展需求。[①]

2. 授课教师（团队）切实投入教学改革（15分）

① 秉持学生中心、产出导向、持续改进的理念。（5分）

② 教学理念融入教学设计，围绕目标达成、教学内容、组织实施和多元评价需求进行整体规划，教学策略、教学方法、教学过程、教学评价等设计合理。（5分）

③ 教学改革意识强烈，能够主动运用新技术、新手段、新工具，创新教学方法，提高教学效率、提升教学质量，教学能力有显著提升。（5分）

课程团队的教学理念充分体现以学生的学为中心，突出 OBE 教学理念（产出导向、目标达成、持续改进）。同时，在课程教学设计的过程中最为重要的是目标、内容、实施、评价四个要素。一流课程的评审与技术的发展分不开，突出了信息技术与课堂教学设计的融合。

3. 课程内容与时俱进（20分）

① 落实课程思政建设要求，通过专业知识教育与思想政治教育的紧密融合，将价值塑造、知识传授和能力培养三者融为一体。（5分）

② 体现前沿性与时代性要求，反映学科专业、行业先进的核心理论和成果，聚焦新工科、新医科、新农科、新文科建设，增加体现多学科思维融合、产业技术与学科理论融合、跨专业能力融合、多学科项目实践融合的内容。（10分）

③ 保障教学资源的优质性与适用性，以提升学生综合能力为重点，重塑课程内容。（5分）

课程内容具有高阶性，能够与时俱进。

4. 教与学发生改变（15分）

① 以教为中心向以学为中心转变，以提升教学效果为目的因材施教，运用适当的数字化教学工具，有效开展线下课堂教学活动。实施打破传统课堂"满堂灌"和沉默状态的方式，训练学生问题解决能力和审辩式思维能力。（10分）

② 学生学习方式有显著变化，安排学生个别化学习与合作学习，强化课堂教学师生互动、生生互动环节，加强研究型、项目式学习。（5分）

教与学发生改变体现在教学设计以学生为中心（与教学理念呼应），同时需要在教学中融合数字化教学工具，体现学生学为中心的教学设计方法（研究型学习和项目式学习）。教学活动的创新体现于学生在教学中的参与度、融入感、获得感，这一点也在课程的改革成效中体现。

---

① 线下一流课程：并非精品课程再报一次[EB/OL].（2021-03-26）[2022-02-06]. https://mp.weixin.qq.com/s/xtN1h55Nm0El6tcmB5BAKg.

5. 评价拓展深化（15 分）

① 考核方式多元，丰富探究式、论文式、报告答辩式等作业评价方式，加强非标准化、综合性等评价，评价手段恰当必要，契合相对应的人才培养类型。（5 分）

② 考试考核评价严格，体现过程评价，注重学习效果评价；考核考试评价严格，过程可回溯，诊断改进积极有效。（10 分）

课程评价注重多元化、过程性等，同时关注课程考核的挑战度，对应评审材料的考试试卷或考核内容，另外也会查看学生的成绩分布（如平均分）。

6. 改革行之有效（20 分）

① 学习效果提升，学生对课程的参与度、学习获得感、对教师教学以及课程的满意度有明显提高。（5 分）

② 改革迭代优化，有意识地收集数据开展教学反思、教学研究和教学改进。在多期混合式教学中进行迭代，不断优化教学的设计和实施。（5 分）

③ 学校对探索应用智慧教室等信息化教学工具开展线下课程改革、应用信息化手段开展教学管理与质量监控有配套条件或机制支持。（5 分）

④ 较好地解决传统教学中的短板问题。在树立课程建设新理念、推进相应类型高校课程改革创新、提升教学效果方面显示明显优势，具有推广价值。（5 分）

课程的改革成效关注学生、自身、学校及校外的认可。

一流课程的评审指标更关注课堂教学的设计与课堂教学的模式改革。从整个评审指标来看，一流课程关注教学设计的四个要素——目标、内容、活动、评价，这是从课堂教学设计的角度关注课程的质量。

在评审一流线下课程时，系统自动审查与专家在线评审会根据申报书及附件内容判断其是否存在否决性指标。以下是否决性指标：

① 课程资格——非本科学分课程。

② 课程资格——开设时间或期数不符合申报要求。

③ 课程资格——课程基本信息有明显不一致的情况。

④ 课程资格——申报材料不齐备，缺少必须提供的关键材料。

⑤ 教师资格——负责人非申报高校正式聘任的教师。

⑥ 教师资格——团队成员存在师德师风方面的问题。

⑦ 课程内容——存在思想性或较严重的科学性问题。

⑧ 课程内容——申报材料无法支撑课程内容，教学无法实施。

⑨ 课程内容——课程内容涉密。

⑩ 造假、侵权——申报材料造假。

⑪ 造假、侵权——发现且确认有侵权现象。

4.1.2 "信息技术学科教学法"课程案例

"信息技术学科教学法"是教师教育模块的核心课程，理论性和实践性并重，课程结构完整，资源丰富，是师范专业必修课程。课程的主要特色在于紧扣新时代主题，探索新师范建设的教学改革创新模式和有效途径，其特色与创新主要体现在教学体系、教学内容和教学方式三个方面。

（1）教学体系多层化

以线下课堂为主战场，走出传统上课模式，依托超星泛雅慕课平台搭建交互式学习社区，利用网络平台的特色和优势，加强过程性评价。将学生的在线学习、参与平台讨论、课堂活动等作为过程性考核的重要手段，利用网络平台强大的数据分析功能了解学生学习轨迹，有助于充分调动学生学习的主动性和创意思考的积极性。

（2）教学内容多元化

课程以"新师范"建设理念为指导，教学内容注重师范性与应用性、理论研究与实践探索的有机结合，将教学内容解构重组，以模块形式加以描述，将课程教学内容相对划分为理论教学和实践教学两大部分，两者形成有机的整体。通过课程讲授，既能为学生打下坚实的理论知识基础，又能全方位提升教学技能，达到学生全面发展的目标。

（3）教学方式多样化

课程依循新师范建设发展模式，综合运用启发式、讨论式、研究式和发现式教学方法，将理论教学与实践探索结合起来，注意培养师范生教育教学的意识和能力，充分发挥学生的主观能动性和创造力。

1. 在课程教学设计及实施过程中采用的教育理念

坚持立德树人，遵循"以学生发展为中心、产出导向、质量持续改进"的教育理念，依照师范认证标准，以新师范建设为重要抓手，以培养未来卓越教师为目标，致力于开启学生内在潜力和学习动力，在教学设计及实施过程中，将课程思政与专业教育紧密有机地结合起来，在传授专业课程知识的基础上引导学生将学到的知识和技能转化为内在德行和素养，注重将学生个人发展与社会发展、国家发展结合起来，引导师范生树立正确的社会主义核心价值观，使他们承担起培养社会主义建设者和接班人的重任。

课程设计的总目标是：建设一支结构合理、学术水平高、教学能力强、团结合作的教师梯队，积极投身教学改革；强化现代信息技术与教育教学深度融合，立足经济和社会发展需求和人才培养目标，优化重构教学内容与课程体系，深入挖掘课程教学中蕴含的思想政治教育元素，及时将学术研究、科技发展前沿成果引入课程；教学方法体现先进性与互动性，加大学生对学习的投入，科学"增负"，让学生体验"跳一跳才能够得着"的学习挑战，严格考核考试评价，增强学生经过刻苦学习收获能力和素质提高的成就感，在课堂教学中关注打破课堂沉默状态，焕发课堂生机与活力；最终使本课程成为特色明显、示范作用突出、辐射面广的省级一流线下课程。

2. 课程思政的主要设计思路和实施方式

（1）课程思政的主要设计思路

本课程在师范教育课程体系中处于非常重要的地位，它不仅传授给师范生相关的理论知识，还关注对师范生的价值引领问题。因此，在日常教学中，课程团队注重加强对师范生的师德建设，使之成为学生健康成长的指导者和引路人。由于师范生群体的特殊性和课程思政的迁移价值，对师范生进行思政教育，不仅会对他们产生正向影响，而且通过他们会影响到未来的中小学生群体。

因此，"信息技术学科教学法"课程思政的主要设计思路是：把坚定学生的理想信念、厚植爱国主义情怀作为思想政治教育的核心，教育引导学生树立共产主义远大理想和中国特色社会主义共同理想，让学生牢固树立听党话、跟党走，扎根人民、奉献国家的意识。对照社会主义核心价值观个人层面的价值准则，在进行师德教育时可着重培养师范生的爱国敬业之德（爱国、敬业）、为人师表之行（敬业、平等）、与时俱进之品（敬业）和尊重爱护学生之情（平等、诚信）。总之，既要让学生成为具有教师专业知识和能力的合格的未来教育工作者，更应该使其成为具有高度社会责任感、有创新精神和健康身心的社会人。

（2）课程思政的实施方式

在理论教学部分，灌输与渗透相结合。强调师范生应注重理性思维和思辨能力，在工作中做到勤奋、严谨、实事求是；在教学设计中，强调师范生应具备尊重爱护学生之情和精益求精的工作精神。

在教学案例的选择上，理论与实际相结合。挑选上一届获奖学生的优质教案、模拟授课视频与学生一起进行研读、剖析，激发学生树立从教意愿和坚定的职业理想，培养其职业认同感和勇于奉献的精神，适度引导激发学生的好胜心和求知欲，更好地完成专业知识的教学任务；通过学习著名教育家的教育理念，正面引导学生为人师表的信念。

通过开展小组活动，增强学生的集体荣誉感和对专业的认同感。本课程共设计五个实践活动，均要求以小组为单位完成，小组活动贯穿课程始终，在活动中潜移默化地培养学生的集体主义精神、团结协作的优良品质。

通过开展教学研究工作，培养学生树立正确的科学观，树立积极向上、求真务实、刻苦钻研的专业精神，认同教师工作的意义和专业性。

在实施方式上，为确保课程思政的实施效果，课程组集体备课，统一育人思路，整合课程思政教育资源，聚焦师范专业思政元素，设置课程思政目标，总结提炼优秀的教学设计和教学方法，同时积极收集优秀的课程思政教学案例，建设红色案例库，实现价值引领、知识传授、能力培养"三位一体"的教育教学目标，保证课程思政育人模式的连续性和系统性。

3. 课程目标

课程目标的设定需要考虑学校的办学定位，坚持"师范性、应用性、地方性、开放性"的办学定位，立足地区、服务全省，培养德、智、体、美、劳全面发展，培养师德高尚、教育情怀深厚，学科知识扎实、专业能力、教育教学能力强，具有"家国情怀、师道精神、笃实品格"特质，能够适应国家新时代师范教育高质量发展和广东省基础教育现代化的要求，未来能够成长为学校、教育行业、培训行业等的"四有"优秀教师。

根据OBE产出导向的方法，在进行课程目标的设定时，还需要对人才培养方案进行全面解读，明确本课程在培养方案整个课程体系中的定位。在整个课程体系中，"学科教学论"是师范专业教师教育核心课程，在衔接低年级教育学、心理学课程与高年级的微格教学、教育实习等实践性课程中起着承上启下的作用。对本课程的学习有助于学生实现对各类知识、技能的统合和延伸。

基于以上分析，课程目标要有效支撑培养目标达成，符合学校办学定位和人才培养目标，坚持知识、能力、素质有机融合，培养学生解决复杂问题的综合能力和高级思维。下面以培养未来信息技术教师为例，阐述本课程目标。

（1）知识目标

① 了解现代教学、学习理论、课程发展理论、研究性学习的内容、方法和措施及发展趋势，了解和掌握中学信息技术教学的目的要求、特点和教学的一般原理及组织教学活动的基本程序和方法；

② 掌握中学信息技术的教学内容和知识体系，理解科学素养和信息技术核心素养的构成，了解信息技术教学艺术，掌握中学信息技术的主要教学模式和学习方式；

③ 了解中学信息技术教学研究的一般方法，初步学会反思和行动研究，掌握现代信息技术教学测量和评价的方法。

（2）能力目标

① 掌握信息技术学科教学的基本技能；

② 初步具备分析中学信息技术课程标准和教科书、进行教学设计、选择教学方法和组织教学活动的能力；

③ 初步养成教学研究的能力。

（3）素质目标

① 认识信息技术教学的基本特征和规律，初步形成先进的教育教学思想观念；

② 拥有一定的教学研究意识，具备实事求是的工作作风和与他人合作的正向工作态度；

③ 为培养未来的"四有"优秀教师打下坚实的基础。

（4）思政目标

① 树立正确的社会主义核心价值观，勇于承担起培养社会主义建设者和接班人的重任；

② 具有从教意愿、坚定的职业理想、强烈的职业认同感和勇于奉献的精神；

③ 培养正确的科学观，树立积极向上、求真务实、刻苦钻研的专业精神。

4. 选取内容

在确定"学科教学论"课程内容时，遵循以下三个原则。

第一，以《师范类专业认证标准》为依据，注重对知识点、能力点和素质点的梳理，夯实知识点，训练能力点，达成素质点，帮助学生实现从理论性知识向实践性知识的转换。

第二，以培养专业突出、底蕴深厚的卓越中学教师为目标，引导学生从中学教师视角体验教育教学行为，逐步认同基础教育的独特价值。

第三，对照《高等师范学校学生的教师职业技能训练大纲》中罗列的各项技能要求及标准，制定对应的实践模块，强化技能，帮助学生掌握站稳讲台的能力。

课程教学内容的设计以打实学生理论基础、训练教师职业技能、提升专业素养为主线，以模块化的形式将教学内容解构重组，以主题学习为导向划分为理论教学和实践教学两大模块，模块间联系较松散，模块内部联系强。课程教学内容模块如图 4-1 所示。

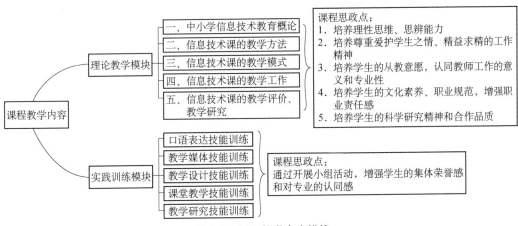

图 4-1 课程教学内容模块

5. 适用对象

本课程在教学内容的设置上充分考虑普适性和专业性两方面，教学方法、教学理念、教学模式、教学研究等内容适用于绝大部分师范专业大学三年级的学生，学科教材内容分析、教学设计等方面则是专门为计算机师范专业的学生设置的。

6. 学习资源建设与使用的原则

更新课程内容、丰富课程知识、提升课程质量是本课程建设的重要工作。"学科教学论"课程内容主要由理论教学和实践教学两部分组成，课程团队重视增加课程内容的高阶性、创新性和挑战度，把教育教学研究前沿动态、研究成果和实践新经验融入课堂教学中，合理增加课程难度，拓展课程深度，及时把教育部门颁布的教育法规、教材建设、学科教学赛事等资料提供给学生学习参考。

本课程以线下课堂为主阵地，对学习资源的建设与使用首先满足课程教学需求，辅以较多的拓展资源。在超星学习通上建立课程网站，课程资源包括课堂教学所需的课件、微课视频、案例资源、教育教学前沿资讯、拓展资源等，并利用超星学习通辅助课堂活动，发布讨论、签到、投票等课堂任务，收取作业，实施阶段性测验、总结性测验等。

7. 课程教学模式

"学科教学论"不只是教学技能培训课，还是一门素质提升课程。该课程理论内容较抽象，知识点多，实践性强，在课程教学中积极探索以信息技术为支撑载体，以创新教学方法为主要途径，广泛应用新型教学平台和教学终端，增强师生互动，形成对话、研讨的课堂氛围，在互动与讨论中激励学生主动参与、自我反思和团队合作学习，有效地解决传统课堂教学中存在的不足。

（1）以学生为主体，坚持"立德树人"的根本任务，将思政教育贯穿整个课程

高校师范类专业作为培养基础教育合格师资的摇篮，其师范生的培养质量直接影响着初等教育和中等教育师资队伍的质量。由于师范生群体的特殊性和课程思政的迁移价值，对师范生进行思政教育，不仅会对他们产生正向影响，而且通过他们会影响到未来的中小学生群体。课程始终把"立德树人"作为教学的根本任务，将思政教育贯穿于教学的全过程；坚持以学生为主体、学习为中心、教师为主导，着力培养学生的思辨能力和创新能力，在传授学科教学论专业知识的同时，将"立德树人"根本任务与学科专业知识传授和能力训练有机结合起来，努力做到"润物细无声"。

在教学案例的选择上，挑选往届学生在教学技能大赛上的获奖作品与学生一起进行研读、剖析，增强学生的集体荣誉感和对专业的认同感，进而增强文化自信。通过学习著名教育家的教育理念，正面引导学生为人师表的信念，牢固树立教书育人、奉献国家的精神。在讲授教学设计一章时，通过引导学生进行教材分析、教学对象分析，强调师范生应具备尊重爱护学生之情和精益求精的工作精神。简言之，"学科教学论"课程中的课程思政，就是在传授专业知识的同时，通过对教育三维目标中的情感、态度和价值观教育进行再次强化，达到培养学生树立远大理想和崇高追求，形成正确的世界观、人生观和价值观的目的。

（2）以课堂教学为主、"线上线下混合教学"为辅的教学模式

课程团队坚持理论联系实际、以学为主、学以致用、尊重学生的个体差异等理念。线下教学综合采用启发式、讨论式、探究式和发现式相结合的教学方法，因材施教，积极探索新的教学方法。在教学中开展以任务为中心、形式多样的教学活动。教师大量参考不同的教育理论，博采众长并加以综合，向学生介绍教学论的全貌，充分发挥学生的主动性，最大限度地让学生参与学习的全过程。线上教学侧重学生预习、复习、强化与反思，注重拓展学生的学科视野，提升学生的自学能力和创新能力。

在课堂教学中，学生阅读课程网站上提供的案例，分组研讨；教师通过线上平台发

布讨论、投票、抢答等活动，激发学生的参与程度，提高学生的学习兴趣和注意力；在课堂上完成对知识点的讲授和深化，通过线上线下混合教学的有机结合，有效提升学生的学习深度。

（3）以"产出"为导向，落实创新性、高阶性和挑战度

教学内容的选择突出创新性，及时将本学科的前沿成果引入课程；课程设计适度增加研究性、综合性的内容，增加学生学习的挑战度；在课程教学中注重提升高阶性，培养学生解决复杂问题的综合能力。

课程专门设置教研论文写作模块，通过理论讲解、共读学术论文、论文写作规范学习等环节，培养学生的理论意识和科研意识，积极对现实的教育教学现象进行思考和分析，使学生初步掌握运用教学理论进行教学研究设计、资料收集与统计处理并撰写论文的能力。

8. 课程教学方法

课程教学方法是实现人才培养目标的关键所在，本课程在保留有效的传统教学方法的基础上，灵活使用多种教学方法，充分释放学生的学习自主性，不断激发学生的学习兴趣，为学生实践性知识的获得提供支架。其主要包括以下三种教学方法。

（1）案例分析法

案例分析法是适宜师范专业学生学习提高的有效方法。它以源于中小学真实课堂的案例知识为蓝本，鼓励学生分析情境、判断正误、解决问题，达到对理论性知识的有效迁移。在课堂教学中，根据需求播放中小学优质课案例，通过对案例进行分析，帮助学生获得来自真实课堂的教育教学鲜活经验，掌握知识，解决问题。

（2）课堂演示与演练法

通过开展"课前三分钟""课件评比活动""模拟授课活动"和"说课活动"，实施课堂演示与演练，促使学生置身问题情境中，通过观摩、理解、体验和训练等一系列过程，达到教师教育技能的有效迁移。

（3）主题单元探究法

主题单元探究法是适宜模块化教学内容的教学方法。它将相对分散的课程内各要素按一定的规律重组，并以模块化形式呈现，以一个相对独立的学习单元为单位，鼓励学生把握单元主题中的理论、技能，探究性解决问题。这种方法将学生作为学习和发展的主体，易于引导学生自主学习和探究。信息技术课的教学评价、教学研究内容的模块化设计非常适合采用这种教学方法。

在学科教学论课程的教学中，各种教学方法的使用均在小组合作学习的基础上完成。学期伊始，教师就强调组中、组间经验流动的价值，将学生组成固定学习小组，所有的实践活动均以小组为单位分工合作完成，在课堂教学中也时常穿插小组活动，充分发挥学生的主观能动性和创造力。

9. 课程评价方式

课程评价是教育评价的重要内容，以验证课程目标、内容等的实施效果，是保障教育质量的重要组成部分。学科教学论课程采用多元化考核方式，成绩评定侧重学生的"产出"能力和"应用"能力，将形成性评价与总结性评价相结合，以形成性评价为主、总结性评价为辅，加大对学生学习的过程性考核，积极促成学生对实践作业的反馈和分享，既考查学生对知识的理解，也考查学生对知识的运用及能力的提高。课程评价坚持内部评价与外部评价结合、落实性评价与表现性评价相辅、阶段性评价与发展性评价共融等原则。课程评价方式如图4-2所示。

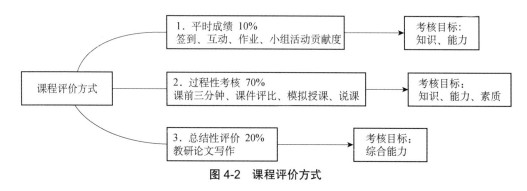

图 4-2　课程评价方式

4.1.3　中小学信息技术综合设计课程案例

2017年，教育部印发了《中小学综合实践活动课程指导纲要》文件，提出要开展综合实践活动。综合实践活动是从学生的真实生活和发展需要出发，从生活情境中发现问题，转化为活动主题，通过探究、服务、制作、体验等方式，培养学生综合素质的跨学科实践性课程。综合实践活动是国家义务教育和普通高中课程方案规定的必修课程，与学科课程并列设置，是基础教育课程体系的重要组成部分。该课程由地方统筹管理和指导，具体内容以学校开发为主，自小学一年级至高中三年级全面实施。

其中有25个设计制作活动（信息技术）推荐主题，小学15个，中学10个，如表4-1所示。

表 4-1　设计制作活动（信息技术）推荐主题

学段	活动主题	简要说明
3~6年级	我是信息社会的"原住民"	认识计算机的外部组件，学习鼠标操作，体验用计算机听音乐、看电影、学习课件等。了解信息和信息处理工具，初步掌握计算机的基础知识和基本操作，认识信息、信息技术在社会生活中的重要性，建立初步的信息意识
	"打字小能手"挑战赛	掌握键盘知识和基本指法，学会用键盘输入的方法，为今后的信息技术学习打好基础，体验数字化学习带来的乐趣
	我是电脑小画家	学习使用画图类的软件，利用鼠标作画来描绘身边的美好生活，熟练掌握鼠标操作的技巧，为今后的信息技术学习打好基础，同时形成相互协作、共同完成任务的意识

续表

学段	活动主题	简要说明
3～6年级	网络信息辨真伪	启动浏览器，浏览网站，利用搜索引擎搜索并获取自己需要的信息，在此基础上，学习保存需要的网页。掌握在网络上搜索信息的能力，提高判断真实信息和虚假信息的能力
	电脑文件的有效管理	掌握查看文件的基本操作方法；新建文件夹，以及复制、移动、删除文件等；建立共享文件夹，在局域网中共享文件，体会文件在信息管理中的重要性
	演示文稿展成果	了解演示文稿的结构，学习在文稿中插入幻灯片，复制、删除、移动演示文稿中的幻灯片，在幻灯片中输入文字以及插入艺术字和图像；设置简单的动画效果，为演示文稿设置超链接和动作，保存、预览、打印文稿等。增强信息意识，培养利用数字化工具完成作品设计与创作的能力
	信息交流与安全	申请电子信箱并收发电子邮件，按需求管理电子信箱中的电子邮件，了解垃圾邮件的危害；学会使用一种即时通信工具；申请网络博客账户，并发表个人博客；了解计算机病毒，学习查杀计算机病毒的操作方法。养成规范、文明的交流习惯，树立安全意识
	我的电子报刊	录入文字并保存，设置段落对齐的方式、文字格式和间距，制作艺术字标题，在文档中插入图片，使用在线素材库，给文本框添加边框、背景、阴影等效果，绘制形状图，给文章添加页眉、页码、脚注，利用插入的表格进行求和、计算平均数、求最大数等，发布与交流电子报刊作品。了解文字处理软件的用途及使用方法，感受用表格展示信息的特点，具有数据处理的基本能力和意识
	镜头下的美丽世界	使用数字拍照设备拍摄图像、视频，用图像管理软件浏览图像，设置图像管理软件的参数，学习批量操作图像文件，调整图像的明暗、色调，裁剪图像，为图像添加边框，生成电子相册等；学习用视频编辑软件截取视频片段、合并视频、转换视频文件的格式等。体验数字化图像、视频为人们生活、学习带来的便利，并初步接触知识产权、肖像权等知识，增强信息意识与信息社会责任
	数字声音与生活	录制声音，保存声音，了解声音文件的基本格式，连接、混合声音，剪切声音片段，设置淡入淡出的效果，转换声音文件的格式等。体验数字化音频为人们生活、学习带来的便利，提高数字化学习与创新的信息素养，进一步加深对知识产权的理解，增强信息社会责任
	三维趣味设计	了解三维设计的基本思路，理解三维设计的应用，用三维建模软件设计一些与学习、生活相关的物品，亲历在综合情境中运用多种技术实现个性化、定制化产品研发的过程。学会利用技术解决真实问题，并初步感受文化创意产品的传播规律
	趣味编程入门	了解所学语言编程的基本思路，理解所学编程语言中程序设计的基本结构，掌握编程的方法和步骤，编写出简单的程序。通过学习简单的编程语言，初步树立计算思维的信息素养，为中高年级程序语言的学习打好基础
	程序世界中的多彩花园	利用建模的思想，使用程序编写的方式绘制各种图案，结合其他工具制作出明信片或者填色书，让不同的学生进行手工填色，完成各种各样的精彩图画。体会程序设计在美术制作领域中的作用，体会技术和艺术之间取长补短的关系，提升审美素养
	简易互动媒体作品设计	使用常见的外部设备，结合常见的编程语言，设计出通过多样化的信息输入方式呈现出各种有趣效果的互动作品。培养将新奇创意变为现实的意识，掌握人机互动的原理，体会跨学科学习的魅力，提高动手实践能力
	手工制作与数字加工	将电路知识和艺术设计结合起来，制作一个手绘图案的盒子，将各种电子元器件连接在盒子内部，使之成为发光的盒子。然后利用计算机将手绘的图案变成可以复制的、大规模印刷的电子文档，制作一排"发光墙"。初步了解大工业生产模式和手工模式的区别和联系，亲历单元设计以及将单元联结成大型装置的过程，理解模块的概念在艺术设计中的应用
7～9年级	组装我的计算机	熟悉计算机硬件的基本构成，掌握进制与编码，了解计算机的特点，认识常见的智能终端；了解计算机软件的基本构成、开源软件的发展等。认识计算机这类智能终端对人们日常生活带来的影响，提高数字化学习与创新素养，增强信息意识

学段	活动主题	简要说明
7～9年级	组建家庭局域网	了解因特网的发展历史以及在我国的应用现状，了解因特网对社会的影响；熟悉IP地址和域名的组成、类型以及发展趋势，理解IP地址、网址和域名三者的对应关系；认识常见的网络类型，熟悉常用的网络设备，利用无线路由器组建无线局域网。增强健康、安全使用网络的意识，进一步提高网络应用能力，增强信息意识与信息社会责任
	数据的分析与处理	学习电子表格软件管理数据和分析数据的思路和方法，根据主题开展数据调查，了解电子表格的基本功能，编辑加工和处理调查数据，建立统计图表，分析数据反映的现象和事实，编写数据分析报告。认识数据对人们日常生活的影响，进一步提高计算思维能力、数字化学习与创新素养，增强信息意识
	我是平面设计师	了解数字图形图像的分类和特点，认识图像分辨率与输入、显示、输出分辨率的关系以及图像颜色深度、色彩与图像文件大小的关系，掌握图像的常用存储格式及其格式转换，图像压缩的必要性及其主要压缩方法，图层、通道、滤镜、路径、蒙版的综合应用。形成二维平面设计的能力和意识，提高数字化学习与创新素养，增强信息意识和信息社会责任
	二维、三维的任意变换	使用纸模型软件将三维建模软件生成的立体图案，转化成二维的平面打印机可以打印的平面图纸，并且通过折纸、粘贴等方式制作立体模型。了解三维和二维之间的关系，通过比较三维打印和纸模型粘接这两种构建三维形体的方式，体会不同工艺之间的区别和联系，并且能根据需要选择不同的工艺
	制作我的动画片	认识视频和动画文件的格式，了解视频的含义以及动画的基本原理，了解视频和动画的主要应用领域，掌握动画的制作流程，能根据主题制作简单的视频和动画作品。了解动画的应用及发展前景，学习简单的动画软件，体验动画在日常生活中的广泛应用，提高数字化学习与创新素养，增强信息意识和信息社会责任
	走进程序世界	了解程序设计的基本过程和方法；熟悉程序设计语言的用法，掌握常量、变量、函数等基本概念，理解程序的三种基本结构，知道人与计算机解决问题方法的异同，尝试编写、调试程序。激发编程的兴趣，培养逻辑思维能力，进一步理解计算思维的内涵，提高数字化学习与创新素养，增强信息意识和信息社会责任
	用计算机做科学实验	通过计算机程序获取传感器实时采集的信息，并把这些信息记录在数据库中；对这些数据进行二次分析，验证之前的假设，甚至发现新的规律，初步感受大数据时代的研究方法，提高探究真实问题、发现新规律的能力
	体验物联网	通过常见的开源硬件和电子模块，利用免费的物联网云服务，搭建各种物联网作品，如校内气象站、小鸡孵化箱等项目，体验物联网的应用。理解物联网的原理，熟悉常见的传感器编程方法，掌握物联网信息传输的常见方法，培养参与科学研究的兴趣，提升综合素质
	开源机器人初体验	通过常见的电子模块，用3D打印或者激光切割等方式自制各种结构件，结合开源硬件，设计有行动能力的机器人。初步了解仿生学，分析生物的过程和结构，并把得到的分析结果用于机器人的设计，体验跨学科学习

　　信息技术学科师范生如果没有掌握25个设计制作活动（信息技术）推荐主题，就业能力就不能满足中小学信息技术、科学课程等教师岗位的职业要求。韩山师范学院在2019年首次开设"中小学信息技术综合设计课程"，课程2学分，在大学三年级下学期开设。课程有以下特点：

　　① 以教育部《中小学综合实践活动课程指导纲要》为课程依据，选取中学阶段的10个主题转化为课程内容，课程内容与教师岗位要求无缝对接。

　　② 以"专业+师范技能"为课程内容和学习成果，既要求学生融合所学专业知识，又必须撰写教案，训练师范技能。

③ 全部教案采用 STEAM 理念设计，每个主题采取小组合作 PBL 教学法，强化跨学科学习。

④ 课程基于 UGSO 校企共建，引入信息技术企业和中小学一线信息技术教师，指导课程建设和开展。

课程教学目标为，通过对本课程的学习，培养师范生在中小学开展信息技术设计制作活动的能力和综合素养，主要任务包括：

① 了解教育部《中小学综合实践活动课程指导纲要》的指导思想和基本理念，理解信息技术在课程中的地位和作用，熟悉设计制作活动（信息技术）主题的内容。

② 掌握信息技术设计制作活动的教学设计、组织、实施和评价方法，培养创新思维，具备实现中小学信息技术设计制作活动课程目标的能力。

③ 能运用 STEM、创客、翻转课堂、混合学习、项目导向、团队协作等先进教学理念和方法，培养锻炼中小学生学习积极性、协作性、善于思考总结和提升的能力。

4.2　在线开放课程

4.2.1　建设标准

针对线上一流课程，教育部在新闻发布会中解释，线上一流课程即大家俗称的"精品慕课"，这类课程面向高校和社会学习者开放，突出优质、开放、共享。教育部的目标是，打造中国慕课品牌，完成 4 000 门左右国家精品在线开放课程认定，构建内容更加丰富、结构更加合理、类别更加全面的国家级精品慕课体系。①

根据收集的关于一流课程评审的指标文件，对于线下一流课程的评审标准及分值如下。②

1. 课程内容（20 分）

（1）规范性（5 分）

课程内容为高校教学内容，符合《普通高等学校本科专业类教学质量国家标准》等要求，课程定位准确，教学内容质量高；课程知识体系科学完整。（若课程内容不规范，不适合列入高校人才培养方案的，此项为 0 分。）

（2）思想性、科学性、先进性（5 分）

坚持立德树人，将思想政治教育内化为课程内容，弘扬社会主义核心价值观；课程内容先进、新颖，反映学科专业先进的核心理论和成果，体现教改教研成果，具有较高

---

① 教育部关于一流本科课程建设的实施意见[EB/OL].（2019-10-31）[2022-02-06]. http://www.moe.gov.cn/srcsite/A08/s7056/201910/t20191031_406269.html.

② 全网最全|国家级一流课程评审指标[EB/OL].（2021-02-20）[2022-02-06]. https://mp.weixin.qq.com/s/P-EWb1tmoOT54URUcvirXQ.

的科学性水平，注重运用知识解决实际问题。（若存在思想性或较严重的科学性问题，此项为0分，请在否决性指标11中勾选，直接提交，结束评审此课程为0分。）

（3）安全性（5分）

课程无危害国家安全、涉密及其他不适宜网络公开传播的内容，无侵犯他人知识产权内容。〔若存在有不适合公开的课程内容或有确凿证据证明有侵权情况，此项为0分，请在否决性指标13（14）中勾选，直接提交，结束评审，此课程为0分。〕

（4）适当性、多样性（5分）

课程内容及教学环节配置丰富、多样，深浅度合理，内容更新和完善及时。在线考试难易度适当，有区分度。（若学分课程的内容过于浅显，或考核评判标准过低，此项为0分。）

课程是培养计划内的学分课课程，符合"两性一度"，要求课程无知识产权和涉密相关的问题，教学内容、教学过程完整，符合在线课程的要求。[1]

2. 课程教学设计（25分）

（1）合理性（5分）

教学目标明确，教学方法与教学活动组织科学合理，符合教育教学规律。

（2）方向性（10分）

符合以学生为中心的课程教学改革方向，注重激发学生学习志趣和潜能，增强学生的社会责任感、创新精神和实践能力；信息技术与教育教学融合，课程应用与课程服务相融通，适合在线学习、翻转课堂以及线上线下混合式拓展性学习。

（3）创新性（10分）

有针对性地解决当前教育教学中存在的问题，充分利用和发挥网络教学优势，各教学环节充分、有效，满足学生的在线学习的诉求，不是传统课堂的简单翻版。

课程教学设计符合对线上慕课的要求，教学目标明确按照在线课程的知识碎片化、模块化进行教学设计，教学内容符合线上的教学要求，教学资源建设符合网络教学要求。课程不是精品课程翻版，也不是视频公开课和精品资源共享课。

3. 教学团队（10分）

（1）负责人（5分）

在本课程专业领域有较高学术造诣，教学经验丰富，教学水平高，在推进基于慕课的信息技术与教育教学深度融合的课程改革中投入精力大，有一定影响度。

（2）团队（5分）

主讲教师师德好、教学能力强，教学表现力强，课程团队结构合理。

---

① 线上一流课程建设应用及申报指南[EB/OL].（2021-03-25）[2022-02-06]. https://mp.weixin.qq.com/s/zoZ3MuNYG_0ZLQhYJWlwqQ.

4. 教学支持（20 分）

（1）团队服务（10 分）

通过课程平台，教师按照教学计划和要求为学习者提供测验、作业、考试、答疑、讨论等教学活动，及时开展有效的在线指导与测评。（若教学团队成员未参与学习者答疑、讨论等教学活动，此项为 0 分。）

（2）学习者活动（10 分）

学习者在线学习响应度高，师生互动活跃。

教学团队符合高校在校任教的基本要求，教学过程完整（作业练习测试都应有），教学服务到位（答疑互动需组织），教学数据好看（量大面广需体现），学生参与多（讨论次数）。

5. 应用效果与影响（25 分）

（1）开放性（5 分）

面向其他高校和社会学习者开放学习程度高。

（2）课程本校应用情况（5 分）

在本校将在线课程与课堂教学结合，推动教学方法改革，有效提高教学质量。（若未应用于本校课程改革，此项为 0 分。）

（3）在其他高校和社会学习者中应用共享情况（15 分）

共享范围广，应用模式多样，应用效果好，社会影响力大，受益教师和学习者反馈、评价高。

线上课程应注重教学效果，校内混合式教学不可或缺，在校外应用于学分教学也需要加强各方反馈。

4.2.2 "微格教学"课程案例

"微格教学"是师范专业的教师教育必修课程，是所有的师范专业都必须开设的重要实践课程，与"信息技术学科教学法"等组成培养师范技能的教师教育核心课程体系。该课程是心理学、教育学、教师口语、学科教学论的后继课程，一般在大学三年级下学期开设，2 学分，36 学时，授课对象是本专业的师范生。

1. 课程设计

按照在线开放课程的要求，对课程内容进行慕课化建设，重新划分知识点，将课程划分为 12 个章节内容，如图 4-3 所示。

2. 课程资源建设特色

根据教学内容及实践需求，搭建"理论+示范+实践"三位一体的课程框架。

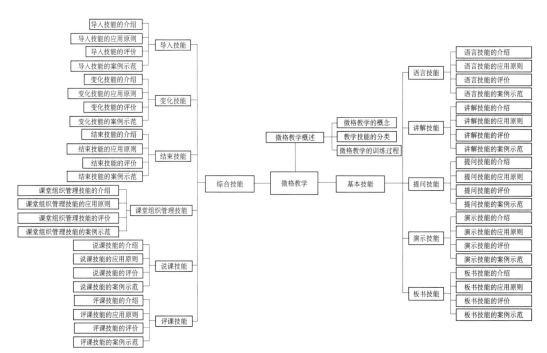

图 4-3 "微格教学"课程内容

在超星慕课平台上搭建好课程框架，自制并上传大部分的课程内容，并已进行授课，课程体系基本完整，理论性和实践性具备，基本满足授课需求；考虑到不同学习者的学习习惯，课程提供了PPT、讲稿、微课视频三种形式，满足不同学习者的需求；在课程内容的设计上，考虑到本课程实践性强的特点，在教学中穿插了许多实例，并通过真人示范的形式，展示不同教学技能的应用原则，并及时进行点评；在建设时兼顾专业性和通用性，对标基础教育课程设置，在微格教案的制作上，设计了小学、初中、高中三个学段的信息技术微格教案；而在教学技能的案例讲解中，选用了语文、数学、英语、地理、生物、化学、物理、政治、科学、历史等多个学科的内容，适用不同专业师范生的学习。因此，本课程不仅适用于计算机师范专业学生学习，也适合其他专业的师范生作为课外学习资源的补充，也适合中小学新入职教师学习和参考。

3. 课程教学特色

课程线上资源基本齐备，教学模式可采用线上线下混合教学模式，也可采用在线翻转教学模式。在教学中，教师团队积极进行教学改革，探索教学模式对不同的教学环境、教学对象的适用性。

课程教学具有以下特色。

（1）教学流程清晰，重在引导

本课程根据"先学后教、以学定教"的在线翻转教学理念组织教学路线。在课程开始之前发布教学方式指引、在线学习公约及课程框架，引导学生做好线上学习的开课准备。课前重在指引，提前发布课程通知，明确每个学习任务的时间节点，引导学生积极参与话题讨论，帮助学生学会自主学习。课中重在互动，利用多种评价方式检验学生对理论与实践的掌握程度并进行针对性讲评；基于产出导向、能力提升的目标，利用超星学习通的 PBL 模块+腾讯会议平台，实现了微格实践的"云试讲"和"云点评"。课后重在总结，跟踪学生的学习数据，借助教学预警功能、布置作业等方式实现对知识的巩固拓展。教学流程如图 4-4 所示。

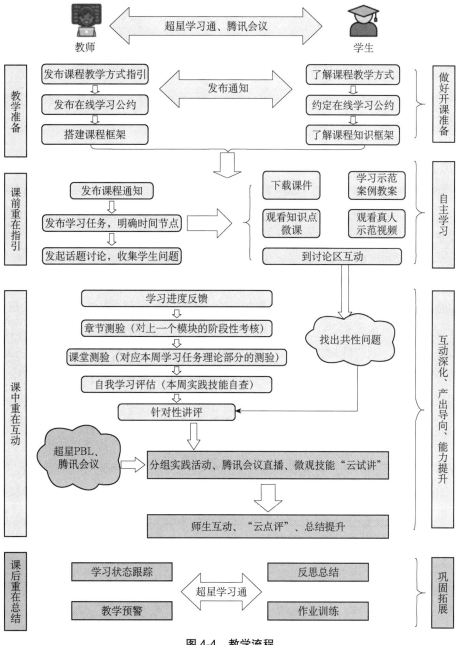

图 4-4　教学流程

（2）慕课+PBL+腾讯会议，助力课程实践线上翻转

注重学生微格技能实践，利用超星慕课平台的PBL模块，以小组为单位，进行项目化实践，学生在PBL模块的讨论区先进行微格教案、课件的小组互评，然后通过腾讯会议平台，实现微格技能的"云试讲"和"云点评"，接着再通过PBL的共享资料区，填写组员的评价量表，在研究报告区上传小组总结及反思，实现微格技能实践的线上翻转，达到理想的训练目标。

（3）融入课程思政，提高学生教研水平

紧贴时事，在教学中融入课程思政的教育教学理念，引导学生从身边的例子出发，讲授调查问卷的编制原则及方法，围绕相关主题展开问卷的设计活动，在"润物细无声"的知识学习中发挥课程的德育功能，既培养了学生的社会责任感，又提高了学生的教研水平。

4. 课堂组织管理特色

（1）全程高能互动，学生忙且充实

教师利用签到、章节测验、课堂测验、自我学习评估、群聊、PBL互动、讨论区回复、抢答等活动，始终保持课堂教学的热度，既能实时了解学生情况，又营造了积极向上的课堂氛围，达到教学效率的最大化。

（2）学习状态跟踪，全方位评价及沟通强化

通过章节测验、课堂测验、自主学习评估等方式进行过程性评价，基于学习通后台的统计功能，获得学生全方位的学习动态数据，建立沟通强化机制，关注每个学生的成长。

课程致力于形成具有"立体化、案例化、重应用"等鲜明整体特色和教学实效的优质在线开放课程，期望能树立良好的示范效应和共享效益。课程后续的维护计划如下：

第一，结合学科发展前沿和教师专业发展需求，完善课程主体模块设计，在线课程内容和资源双管齐下，提升课程质量。

在课程内容维护方面，结合人才培养目标，不断更新、完善课程知识体系，补充可供参考的成功实践应用案例，扩充课程主体模块，丰富和更新在线课程内容。

在课程资源维护方面，注重课程实践教学案例的更新，不断完善已有的课程资源，建设符合"互联网+"时代的优质在线课程资源：结合师范生职业规划及专业发展的学习特点和趋势，通过完善已有资源、将核心内容开发为系列微课、设计开发新型学习资源等方式，建设高质量的满足个性化学习、泛在学习、混合学习、移动学习的"微格教学"在线课程资源。

第二，结合课程实践性强的教学应用需求，从丰富在线课程学习形式、构建在线混合式教学策略体系以及创新教学方法等维度，提升学习者的课程学习投入度。

第三，关注学习者学习体验，利用技术优化及创新应用改进课程学习评价，提供高质量、强有力的课程学习支持服务。

4.3 线上线下混合课程

4.3.1 建设标准

针对线上线下混合式一流课程，教育部给出了明确的定义。这类课程主要指基于慕课、专属在线课程（SPOC）或其他在线课程，运用适当的数字化教学工具，结合本校实际对校内课程进行改造，安排20%～50%的教学时间实施学生线上自主学习，与线下面授有机结合开展翻转课堂、混合式教学，打造在线课程与本校课堂教学相融合的混合式"金课"。①

根据收集的关于一流课程评审的指标文件，对于线上线下混合式一流课程的评审标准如下。②

1. 课程目标符合新时代人才培养要求（15分）

① 符合学校办学定位和人才培养目标，坚持立德树人。（5分）

② 坚持知识、能力、素质有机融合，注重提升课程的高阶性、突出课程的创新性、增加课程的挑战度，契合学生解决复杂问题等综合能力养成要求。（5分）

③ 目标描述准确具体，对应国家、行业、专业需求，符合培养规律，符合校情、学情，达成路径清晰，便于考核评价。（5分）

课程目标要符合学校办学定位和人才培养目标，坚持立德树人，强调课程思政。

2. 授课教师（团队）切实投入教学改革（15分）

① 秉持学生中心、产出导向、持续改进的理念。（5分）

② 教学理念融入教学设计，围绕目标达成、教学内容、组织实施和多元评价需求进行整体规划，教学策略、教学方法、教学过程、教学评价等设计合理。（5分）

③ 教学改革意识强烈，能够主动运用新技术创新教学方法，提高教学效率、提升教学质量，教学能力有显著提升。（5分）

3. 课程内容与时俱进（20分）

① 落实课程思政建设要求，通过专业知识教育与思想政治教育的紧密融合，将价值塑造、知识传授和能力培养三者融为一体。（5分）

② 体现前沿性与时代性要求，反映学科专业、行业先进的核心理论和成果，聚焦新工科、新医科、新农科、新文科建设，增加体现多学科思维融合、产业技术与学科理论融合、跨专业能力融合、多学科项目实践融合内容。（10分）

③ 保障教学资源的优质性与适用性，优先选择国家级和省级精品在线开放课程等

---

① 教育部关于一流本科课程建设的实施意见[EB/OL].（2019-10-31）[2022-02-06]. http://www.moe.gov.cn/srcsite/A08/s7056/201910/t20191031_406269.html.

② 全网最全|国家级一流课程评审指标[EB/OL].（2021-02-20）[2022-02-06]. https://mp.weixin.qq.com/s/P-EWb1tmoOT54URUcvirXQ.

高质量在线课程资源，结合本校实际对课程内容进行优化，线上线下内容互补，充分体现混合式优势。（5分）

4. 教与学发生改变（15分）

① 以教为中心向以学为中心转变，符合"安排20%～50%的教学时间实施学生线上自主学习"基本要求，以提升教学效果为目的，因材施教，运用适当的数字化教学工具创新教学方式，有效开展线上与线下密切衔接的全过程教学活动。实施打破传统课堂"满堂灌"和沉默状态的方式，训练学生问题解决能力和审辩式思维能力。（10分）

② 学生学习方式有显著变化，安排学生个别化学习与合作学习，强化课堂教学师生互动、生生互动环节，加强研究型、项目式学习。（5分）

5. 评价拓展深化（15分）

① 考核方式多元，丰富探究式、论文式、报告答辩式等作业评价方式，加强非标准化、综合性等评价，评价手段恰当必要，契合相对应的人才培养类型。（5分）

② 考试考核评价严格，体现过程评价，注重学习效果评价。学生线上自主学习、作业和测试等评价与参加线下教学活动的评价连贯完整，过程可回溯，诊断改进积极有效。（10分）

6. 改革行之有效（20分）

① 学习效果提升，学生对课程的参与度、学习获得感、对教师教学以及课程的满意度有明显提高。（5分）

② 改革迭代优化，有意识地收集数据进行教学反思、教学研究和教学改进。在多期混合式教学中进行迭代，不断优化教学的设计和实施。（5分）

③ 学校对线上线下混合式教学有合理的工作量计算机制、教学管理与质量监控机制等配套支持，并不断完善。（5分）

④ 较好地解决了传统教学中的短板问题。在树立课程建设新理念、推进相应类型高校课程改革创新、提升教学效果方面显示了明显优势，具有推广价值。（5分）

在实施线上线下混合式教学时，要明确教学设计的四大要素（目标、内容、活动及评价），同时结合本校学生的情况（学情分析）进行教学的组织与实施。线上线下混合式教学设计需要充分体现线上课程的优势，强调线上线下的融合与一体化，不必区分传统课堂教学方法创新与线上线下混合式课堂教学创新的差异。所有的一流课程的宗旨都是提高课堂教学质量，消除传统教学中存在的弊端，倡导以学生的"学"为中心。

4.3.2 "STEM创新教育"课程案例

"STEM创新教育"课程是师范专业通识必修课，属于交叉学科课程或超学科课程[①]，根据解决问题需要实施学科融合、构建超学科知识体系。根据STEM教育通识课

[①] 白逸仙. 美国STEM教育创新趋势：获得公平且高质量的学习体验[J]. 高等工程教育研究, 2019（06）：172-179.

程的特点，并借鉴通识教育的三重意蕴，即教育对象的广泛性、教育目的的解放性、教育内容的均衡性[①]，提出全面性、开放性、特色性、实践性原则指导师范生跨学科通识教育建设。

1. 课程目标

开设该课程旨在以教育部师范专业践行师德、学会教学和学会发展毕业要求为教育目标，探索以 STEM 思想为引领，以项目学习为载体，以解决真实问题为导向，通过科学、技术、工程、数学等领域的学科知识与方法的有机整合，发展学生在知识融通与应用、系统设计与创新、物化实践与表达、文化体验与认同、科学态度与责任担当等方面的素养，以促进学生创新和实践能力的提高，适应未来的教师职业挑战。

通过本课程的学习，学生达成以下学习目标：

（1）知识目标，根据问题解决需要，掌握科学、技术、工程、数学和艺术等跨学科知识的整合和使用。

（2）能力目标，能积极参与学习共同体，独立和参与小组协作完成技能培养和任务，能运用批判性思维方法反思。

（3）素质目标，具有积极的情感、端正的态度、正确的价值观，具有人文底蕴和科学精神，富有爱心、责任心，工作细心、耐心，培养创新思维和提升创新能力。

2. 教学内容

根据课程目标，主要教学内容模块及课时安排如图 4-5 所示。其中，STEM 创新教育概述模块（线上 4 学时）为全体师范生必修模块，STEM 创新项目实践模块（线上 4学时，线下 8 学时）分文化、创造和智能三个主题，文化主题侧重非物质文化遗产项目、创造主题侧重物联网项目、智能主题侧重人工智能项目。全部专业在大学一年级先修"计算机应用基础"和 Python 或 Scratch 语言，具备基础数字素养。

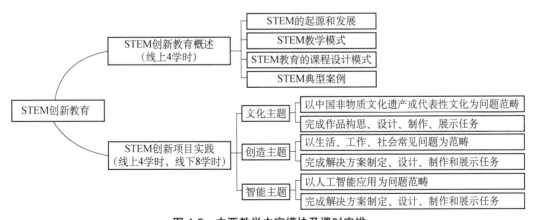

图 4-5　主要教学内容模块及课时安排

---

① 王洪才，解德渤. 中国通识教育 20 年：进展、困境与出路[J]. 厦门大学学报（哲学社会科学版），2015（06）：21-28.

在实际中，因实验室、教师人数和课程管理平台限制，开课初期采取按专业实施分类选修，每个专业选修其中一个主题。文化主题涉及人文社科知识偏多、降低自然科学要求，选修专业有汉语言文学、历史学、英语、美术学、地理科学、音乐学；创造主题要求使用类似Scratch语言控制传感器，选修专业有小学教育、学前教育、心理学、思想政治教育、体育教育、烹饪与营养教育；智能主题要求使用Python或Scratch语言进行复杂算法编程解决问题，选修专业有化学、计算机科学与技术、教育技术学、生物科学、数学与应用数学、物理学。未来将允许不同专业学生自主组建学习共同体，全部主题向全体学生开放。

3. 教学模式

课程采用基于翻转课堂的线上线下混合教学方法，线上教学平台为超星学习通。课前学生独立或分组预习，完成测试和PBL活动；课中教师以讲授法、案例法、讨论法等引导学生学习，在STEM教育实验室完成线下实验；课后学生完成作业或分组PBL活动实验报告。日常教师开设话题答疑或与学生交流讨论，对于学习优秀或落后学生，教师发出学习光荣榜或学习预警通知。

4. 教学评价

课程评价注重理论和实践并重，将过程性评价和总结性评价结合，组织学生互评和教师评价，强化考核结果对课程目标的支撑。在考核方式上，实验成绩占70%，线上活动成绩占30%。实验是指跨学科学习活动，线上活动包括学习任务点、作业、讨论、考勤等。考核标准重点评价学生是否具有积极的情感、端正的态度、正确的价值观，具有人文底蕴和科学精神，富有责任心，工作细心、耐心扎实；是否掌握STEM相关学科知识体系、思想与方法，较好理解和掌握学科核心知识内涵，较好理解跨学科知识并整合运用；是否能较好运用批判性思维、反思方法分析问题，具有较强的创新意识和教育教学研究能力，积极参与学习共同体开展小组互助和协作学习，具有良好团队协作精神和沟通合作技能等。

5. PBL活动

PBL活动是通识教育实践性和开放性原则的主要落实方式。在PBL活动中，通过实践培养学生的跨学科素养，同时创造条件让学生充分发挥创新能力。在组织形式方面，学生自由组合为3～4人学习小组，自主确定小组组名，按项目要求设立组长及工作岗位，分工明确，团结协作，保持较高的学习热情。PBL活动要求团队提交有质量的实验文档，设计思路合理，有可行性，使用的方法、工具、语言不限，但不得复制、窃取、侵犯他人知识产权。学校开设的PBL活动有两类：一是STEM课程设计，让学生体验本专业STEM课程的教学设计方法，可作为一种教育研习形式；二是STEM创新项目实践模块主题实验。PBL活动具体要求如表4-2所示。

表 4-2 PBL 活动具体要求

PBL 活动	要 求	学习成果
STEM 课程教学设计方案	全体学生必修，完成一节中小学 STEM 课程教学方案的设计。设计方案至少包含 S、T、E、M 4 个元素，并能突出本专业学科特色，内容不限，必须体现 STEM 设计理念，问题导向、分组合作、效果评价、培养创新素养	1. STEM 课程教学设计方案 2. 介绍设计思路的小视频（3～5 分钟）
文化主题	了解某种非遗知识，理解相关理论及技术，完成主题作品，作品要有主题和意义，有特色，有演示，鼓励创新和具有特色	1. 作品设计方案（线下项目实验前 1 周） 2. 作品介绍（照片或小视频）（实验周） 3. 项目总结报告（实验后 1 周）
创造主题	了解应用背景知识，理解相关理论及技术，完成物联网主题作品，作品要有主题和应用意义，结构完整，有特色，有演示，鼓励创新和具有特色	
智能主题	了解机器人知识，理解人工智能相关理论及技术，完成机器人主题作品，作品要有主题任务和应用意义，结构完整，有特色，有演示，鼓励创新和具有特色	

STEM 创新项目实践模块的主题根据地方优势、实验室条件和社会需求设定，下面以韩山师范学院 2020 学年度的文化主题为例介绍。从表 4-3 韩山师范学院 2020 学年度 STEM 创新项目实践模块（文化主题）可看到，主题选取戏剧，因为学校所在地域有丰富的非物质文化遗产，学校有专门的研究机构和重点学科专业优势，其中"潮剧"是有代表性的国家级非物质文化遗产，还有木雕、陶瓷、潮绣等，可以作为主题。这体现了通识教育的特色性原则。

表 4-3 韩山师范学院 2020 学年度 STEM 创新项目实践模块（文化主题）

文化主题	戏 剧
实施时间	线上自主学习、组建团队和准备实验，线下实验时长为连续 6 学时
活动要求	搭建戏台，以表演戏剧选段为核心目标。选定一种戏剧并了解戏剧（潮剧或其他戏种）知识，理解相关理论及技术，完成戏剧主题作品。作品要有主题和意义，舞台完整，有特色，有人物造型，有演示，鼓励创新和具有特色
实验条件	提供主题套件（只含控制器、传感器、连接线、结构件、安装工具，不含戏剧人物造型、幕布和外观装饰等）和编程软件（Scratch 类语言），其他材料需小组自行准备
学习成果	提交实验报告，至少包括作品设计方案、作品成果介绍（海报或小视频）、实验项目总结和反思等
学习评价	教师评价（60%）、学生组间互评（30%）和学生自评（10%），项目评价指标：选题、完成度、创新度、难度、团队合作、实验报告等
学习建议	自主学习相关线上线下资源，了解实验内容和实验流程、设备，可采取互联网搜索、阅读书籍、实地访谈、社会观察调查等方法搜集项目背景知识；团队要讨论选题、设计方案、实验材料、实施方案等；项目鼓励创新和挑战，小组要团结合作，积极主动，用头脑风暴法思考和制定作品方案

6. 用好数字化网络通识教育学习平台

数字化工具和技术在信息时代，尤其是疫情时期，对教学和学习模式产生了革命性的影响。通识教育有学习人数多、鼓励学生自主学习和积极思考等特点，针对性地使用数字化技术能提升学习效果和教学管理效率。对于通识课程，韩山师范学院要求使用"粤港澳大湾区高校在线开放课程联盟"在线学习平台，如中国大学慕课、超星、智慧树等其中通识选修课有上千门课程供学生选修。本校教师开设的通识选修课和"STEM

创新教育"通识必修课在"超星学习通"建设课程。

利用数字化网络学习平台可以开展以学生为中心的学习模式和教师学情分析。学习模式包括学生自主学习、团队合作、提问讨论、项目评价、成果展示等。学情分析包括学习进度、基于项目的团队合作、答疑讨论、学习评价、课程考核等。下面以"STEM创新教育"通识必修课考核评价为例，介绍对网络学习平台的应用。

首先，考核将过程性和总结性方式结合，采取组织学生互评和教师评价结合。总评成绩=线上学习活动成绩+PBL教学设计成绩+PBL实验成绩。

（1）线上学习活动成绩（30%）

线上活动成绩包括签到、自学、讨论、作业、章节测验等。学生需在规定时间内完成课程网站上任务点的学习。每章根据实际情况布置相应的测验及作业，学生在规定时间内按要求提交作业。学生在讨论区中回复教师发起的讨论话题，与其他同学互动。本课程每章都会指定讨论话题，学生可根据兴趣参加。

（2）PBL教学设计成绩（35%）

本活动以小组为单位，完成STEM课程教学设计方案。

（3）PBL实验成绩（35%）

以小组为单位，探讨STEM主题项目作品设计和制作，需学生动手实践、制定解决方案并实施。

学生的学习情况均在"超星学习通"平台记录，教师在课程后台设置学生学习任务点、作业、测验、讨论互动、线上课堂活动、PBL分组活动、考勤等评价分数比例，教师和学生可随时查看各项学习评价分数，有利于做好自主学习进度控制和学情监控。

以STEM为代表的跨学科通识教育课程，相比传统通识课程，不仅在课程内容上呈现多学科要求，在实验、实践环节体现多学科能力综合运用和实验设备多样化，还在教学团队构成上要求协作化。对此可从两个方面进行建设保障：第一，必须由专门STEM通识教育实施单位推进跨学科通识教育课程建设，该单位不能是二级教学单位，应是教育行政管理部门或教辅单位，可以进行多部门工作统筹协调。由教务处作为实施单位是可行的办法之一，但还需要课程实施单位和实验室建设协同单位配合。第二，校企共建协同单位。例如，成立"STEAM教育产业学院"。校内单位包括参与跨学科教学任务的二级教学院系，校外单位包括提供跨学科实验资源和指导的STEM教育企业。校企融合，共同制定课程大纲，组建教学团队，建立实验室。

展　望

　　卓越教师培养是全面推进教育现代化的时代新要求，创新机制模式，深化协同育人，贯通职前职后，全面推进教师教育改革已成为我国师范教育事业发展升级的必由之路。教师教育改革不再局限于高校之中，已经延伸至与教师培养职前职后相关的所有主体。师范院校和师范专业应秉承改革创新的理念，及时掌握社会对教师的职业需求，大胆探索协同培养模式，以排头兵的姿态主动引领教师培养链条各主体分享彼此发展的经验，推动各主体相互理解、尊重和信任，在技术、管理、文化等连接点产生互惠关系，共同为培养卓越教师，为加快实现教育现代化、促进教育均衡优质发展提供坚实的师资保障。

参 考 文 献

[1] 王建仙. 地方院校师范专业内涵建设与提升路径措施[J]. 大学教育，2018（10）：1-3.

[2] 闫丽霞. UGS 协同视野下乡村教师专业发展支持体系的构建[J]. 继续教育研究，2018（02）：91-94.

[3] 孙玉红，李广，程媛. 地方高校培养师范生的联动优集机制（UGS）探索[J]. 黑龙江高教研究，2017（01）：91-93.

[4] 徐敬标. 基于"C-UGS"的小学教师培养实践——以南京晓庄学院为例[J]. 科教导刊（下旬），2015（02）：58-61.

[5] 舒易红，刘诗伟. 高师教师教育"UGS三位一体"人才培养模式的建构[J]. 衡阳师范学院学报，2015，36（01）：151-153.

[6] 曾碧，马骊. 基于 UGS 模式下的卓越教师培养策略[J]. 廊坊师范学院学报（社会科学版），2015，31（03）：117-119.

[7] 教育部等五部门关于印发《教师教育振兴行动计划（2018—2022年）》的通知[EB/OL].（2018-03-22）[2022-02-06]. http://www.moe.gov.cn/srcsite/A10/s7034/201803/t20180323_331063.html.

[8] 教育部关于实施卓越教师培养计划2.0的意见[EB/OL].（2018-10-10）[2022-02-06]. http://www.moe.gov.cn/ srcsite/A10/s7011/201810/t20181010_350998.html.

[9] 中共中央国务院印发《中国教育现代化2035》[EB/OL].（2019-02-25）[2022-02-06]. http://edu.people.com. cn/n1/2019/0225/c1006-30899811.html.

[10] 张伟坤，熊建文，林天伦. 新时代与新师范：背景、理念及举措[J]. 高教探索，2019（01）：32-36，110.

[11] 张怡红，刘国艳. 专业认证视阈下的高校师范专业建设[J]. 高教探索，2018（08）：25-29.

[12] 杨跃. 从"师范专业"到"教师教育项目"：教师专业人才培养模式改造初探[J]. 教育发展研究，2015，35（18）：66-72.

[13] 教育部关于印发《教育信息化2.0行动计划》的通知[EB/OL].（2018-04-25）

[2022-02-06]. http://www.moe.gov.cn/srcsite/A16/s3342/201804/t20180425_334188.html.

[14] 中共中央办公厅、国务院办公厅印发《加快推进教育现代化实施方案（2018—2022年）》[EB/OL].（2019-02-23）[2022-02-06]. http://www.gov.cn/xinwen/2019-02-23/content_5367988.htm.

[15] 明桦，林众，罗蕾，等. 信息素养内涵与结构的国际比较[J]. 北京师范大学学报（社会科学版），2019（02）：59-65.

[16] 国务院办公厅关于深化产教融合的若干意见[EB/OL].（2017-12-19）[2022-02-06]. http://www.gov.cn/ zhengce/content/2017-12/19/content_5248564.htm.

[17] 林璇，冯健文. 基于微课的师范生教学技能训练研究与实现——以计算机师范专业为例[J]. 软件导刊（教育技术），2018，17（10）：59-62.

[18] 全球自动化和数字化趋势正加速发展[EB/OL].（2020-11-02）[2022-02-06]. http://5gcenter.people.cn/n1/2020/1102/c430159-31914621.html.

[19] 《创新教学报告2021》发布 聚焦未来教育发展趋势[EB/OL].（2021-01-13）[2022-02-06]. http://edu.people.com.cn/n1/2021/0113/c1053-31998600.html.

[20] 谢梦，傅婵娟. 跨学科学习与未来教育——访香港教育大学学术及首席副校长李子建教授[J]. 世界教育信息，2021，34（04）：12-16.

[21] 张学敏，柴然. 第六次科技革命影响下的教育变革[J]. 东北师大学报（哲学社会科学版），2021（02）：117-127.

[22] 祝智庭，韩中美，黄昌勤. 教育人工智能（eAI）：人本人工智能的新范式[J]. 电化教育研究，2021，42（01）：5-15.

[23] 承担教育使命 共同谋划教育未来——陈宝生出席国际人工智能与教育会议[J]. 教育发展研究，2020，40（23）：76.

[24] 杨志成. 面向未来：课程与教学的挑战与变革[J]. 课程·教材·教法，2021，41（02）：19-25.

[25] 刘妍，胡碧皓，顾小清. 人工智能将带来怎样的学习未来——基于国际教育核心期刊和发展报告的质性元分析研究[J]. 中国远程教育，2021（06）：25-34，59.

[26] 胡惠闵，崔允漷.《教师教育课程标准》研制历程与问题回应[J]. 全球教育展望，2012，41（06）：10-21.

[27] 孙泽平，徐辉，漆新贵. 卓越教师职前培养机制：逻辑与现实的双重变奏[J]. 中国教育学刊，2016（12）：80-84.

[28] 卢新伟，程天君."卓越教师"话语：流变·分殊·融合[J]. 教育学报，2020，16（04）：46-53.

[29] 钟启泉，王艳玲. 从"师范教育"走向"教师教育"[J]. 全球教育展望，2012，41（06）：22-25.

[30] 于晓雅. 何以成为高人工智能商数的未来教师[J]. 中国民族教育，2021

（03）：21.

[31] AACTE. Handbook of technological pedagogical content knowledge（TPCK）for educators[M]. New York：Routledge，2008.

[32] 徐鹏，张海，王以宁，等. TPACK 国外研究现状及启示[J]. 中国电化教育，2013（09）：112-116.

[33] Krug D H. STEM Education and Sustainability in Canada and the United States：International Stem Conference，2012[C].

[34] 曾丽颖，任平，曾本友. STEAM 教师跨学科集成培养策略与螺旋式发展之路[J]. 电化教育研究，2019，40（03）：42-47.

[35] 孙维，马永红，朱秀丽. 欧洲 STEM 教育推进政策研究及启示[J]. 中国电化教育，2018（03）：131-139.

[36] 中国教育科学研究院. STEM 教师能力等级标准（试行）[S]. 2018.

[37] 曾宁，张宝辉，王群利. 近十年国内外 STEM 教育研究的对比分析——基于内容分析法[J]. 现代远距离教育，2018（05）：27-38.

[38] 罗琪. 我国 STEM 教师培养中的问题及其应对策略[J]. 教学与管理，2018（24）：58-61.

[39] 王素.《2017年中国STEM教育白皮书》解读[J]. 现代教育，2017（7）：6-9.

[40] 杜文彬，刘登珲. 走向卓越的 STEM 课程开发——2017 美国 STEM 教育峰会述评[J]. 开放教育研究，2018，24（02）：60-68.

[41] 白逸仙. 美国 STEM 教育创新趋势：获得公平且高质量的学习体验[J]. 高等工程教育研究，2019（06）：172-179.

[42] 樊雅琴，周东岱. 国外 STEM 教育评估述评及其启示[J]. 现代远距离教育，2018（03）：37-43.

[43] 林静，石晓玉，韦文婷. 小学科学课程中开展 STEM 教育的问题与对策[J]. 课程·教材·教法，2019，39（03）：108-112.

[44] 王科，李业平，肖煜. STEM 教师队伍建设：探究美国 STEM 教师的工作满意度[J]. 数学教育学报，2019，28（03）：62-69.

[45] 王菠. 成果导向学前教育专业教育实习课程设计研究[D]. 长春：东北师范大学，2019.

[46] Harden R M. Outcome-based Education：Part1-An Introduction to Outcome-based Education[J]. Medical Teacher，1999，21（1）：7-14.

[47] Harden R M. Outcome-based education：the ostrich，the peacock and the beaver[J]. Medical Teacher，2007，29（7）：666-671.

[48] 李秉乾. 逢甲大学推动成果导向教学品保机制之经验[J]. 评鉴双月刊，2008（11）：31-34.

[49] 樊爱群，郭建志，等. 谈中原大学以学生基本能力培育落实大学教育之发展[J]. 教育研究月刊，2009（10）：59-74.

[50] 赵洪梅. 基于成果导向教育的工程教育教学改革[D]. 大连：大连理工大学，2016.

[51] 申天恩，洛克. 论成果导向的教育理念[J]. 高校教育管理，2016（05）：47-51.

[52] Brown A S. Outcome-based education：A success story[J]. Educational Leadership，1988（10）：12.

[53] Stambs C E. One district learns about restructuring[J]. Educational Leadership，1990（4）：72-75.

[54] Oriah Akir，Tang Howe Eng，Senian Malie. Teaching and Learning enhancement through outcome-based education structure and technology e-learning support[J]. Procedia-Social and Behavioral Sciences，2012：87-92.

[55] Rahman R A，Baharun S，elt. Self-Regulated Learning as the Enabling Environment to Enhance Outcome-Based Education of Undergraduate Engineering Mathematics[J]. International Journal of Quality Assurance in Engineering and Technology Education，2014（4-6）：43-53.

[56] Tan K，Chong M C，Subramaniam P，Wong L P. The effectiveness of outcome based education on the competencies of nursing students：A systematic review[J]. Nurse Education Today，2018（64）：180-189.

[57] 李志义. 成果导向的教学设计[J]. 中国大学教学，2015（03）：32-39.

[58] 赵昱，庞娟，杨传喜. 成果导向的管理学课程教学模式探讨[J]. 高教论坛，2016（02）：65-67.

[59] 顾佩华，胡文龙，林鹏，等. 基于"学习产出"（OBE）的工程教育模式——汕头大学的实践与探索[J]. 高等工程教育研究，2014（01）：27-37.

[60] 陈宝生. 坚持"以本为本" 推进"四个回归" 建设中国特色、世界水平的一流本科教育[J]. 时事报告（党委中心组学习），2018（5）：18-30.

[61] 吴岩，建设中国"金课"[R]. 第11届中国大学教学论坛，2018.

[62] 教育部关于狠抓新时代全国高等学校本科教育工作会议精神落实的通知[EB/OL].（2018-09-03）[2022-02-06]. http://www.moe.gov.cn/srcsite/A08/s7056/201809/t20180903_347079.html?from=timeline&isappinstalled=0.

[63] 李芒，李子运，刘洁滢."七度"教学观：大学金课的关键特征[J]. 中国电化教育，2019（11）.

[64] 教育部关于一流本科课程建设的实施意见[EB/OL].（2019-10-31）[2022-02-06]. http://www.moe.gov.cn/srcsite/A08/s7056/201910/t20191031_406269.html.

[65] 基于OBE理念的师范专业一流课程建设探索——以"信息技术学科教学法"课程为例.

[66] 教育部关于印发《普通高等学校师范类专业认证实施办法（暂行）》的通知[EB/OL]. （2017-11-08）[2022-02-06]. http://www.moe.gov.cn/srcsite/A10/s7011/201711/t20171106_318535.html.

[67] 全程育人全方位育人开创我国高等教育事业发展新局面——习近平总书记在全国高校思想政治工作会议上重要讲话引起热烈反响[EB/OL]. （2016-12-10）[2022-02-06]. http://tv.cctv.com/2016/12/10/VIDEzdJDCMjlSxWZ8j3b5Gaj161210.shtml.

[68] 教育部关于印发《高等学校课程思政建设指导纲要》的通知[EB/OL]. （2020-06-05）[2022-02-06]. http://www.moe.gov.cn/srcsite/A08/s7056/202006/t20200603_462437.html.

[69] 习近平总书记在北京市八一学校考察时的讲话引起热烈反响[EB/OL]. （2016-09-10）[2022-02-06]. http:// www.xinhuanet.com/politics/2016-09/10/c_1119542690.htm.

[70] 林璇，冯健文. 教师教育课程教学中融入思政元素实践探究[J]. 科教导刊（下旬），2019（10）.

[71] 中共中央、国务院印发《中国教育现代化2035》[EB/OL]. （2019-02-23）[2022-02-06]. http://www.gov.cn/ xinwen/2019-02/23/content_5367987.htm.

[72] 郭静. "UGS"模式下中小学教师研修发展模式探索[J]. 教育评论，2020（11）：131-135.

[73] 陶行知. 陶行知全集（第二卷）[M]. 成都：四川教育出版社，1999.

[74] 彭虹斌. U-S合作的困境、原因与对策[J]. 教育科学研究，2012（2）：70-72.

[75] 李静. U-S教师教育共同体：目标、机制与策略[J]. 教育理论与实践，2012（8）：32-34.

[76] 李伟，程红艳. "U-S"式学校变革成功的阻碍及条件[J]. 高等教育研究，2014（6）：68-69.

[77] 管培俊. 在"长白山之路"二十周年上的讲话[N]. 东北师范大学校报，2009-01-14.

[78] 教育部关于大力推进师范生实习支教工作的意见[EB/OL]. （2007-07-05）[2022-02-06]. http://www.moe.edu.cn/publicfiles/business/htmlfiles/moe/s7011/201212/xxgk_145953.html.

[79] 伍红林. 美国大学与中小学合作教育研究：历史、问题、模式[J]. 比较教育研究，2008（8）：64-65.

[80] 谌启标. 加拿大大学与中小学合作伙伴的教师教育改革[J]. 湖南师范大学教育科学学报，2009（3）：72-73.

[81] Recommendation Concerning the Status of Teachers（Adopted on 5 October 1966 by the Special Intergovernmental Conference on the Status of Teachers，convened by

UNESCO，Paris，in copperation with the ILO）．

[82] 张建鲲. PDS的双重背景及对师范院校教师教育的启示——以天津师范大学教师教育改革为例[J]. 天津市教科院学报，2008（03）：47-49.

[83] 李广. "U-G-S" 教师教育模式建构研究——基于教师教育创新东北实验区建设的实践与思考[J]. 北京教育，2013（10）：10-11.

[84] 刘益春，李广，高夯. "U-G-S" 教师教育模式建构研究——基于教师教育创新东北实验区建设的实践与思考[J]. 教师教育研究，2013，25（01）：54，61-64.

[85] 教育部国家发展改革委财政部关于深化教师教育改革的意见[EB/OL].（2012-09-16）[2022-02-06]. http://www.moe.edu.cn/publicfiles/business/htmlfiles/moe/s3735/201212/145544.html.

[86] 教育部关于实施卓越教师培养计划的意见[EB/OL].（2014-08-18）[2022-02-06]. http://www.moe.edu.cn/publicfiles/business/htmlfiles/moe/s7011/201408/174307.html.

[87] 刘益春，高夯，董玉琦，等. "U-G-S" 教师教育新模式的探索[J]. 中国大学教学，2015（03）：17-21.

[88] 郭真珍. "U-G-S" 合作培养师范生模式研究[D]. 临汾：山西师范大学，2016.

[89] 张建鲲. PDS的双重背景及对师范院校教师教育的启示——以天津师范大学教师教育改革为例[J]. 天津市教科院学报，2008（03）：47-49.

[90] 陈树思，黄景忠，林浩亮. 教师教育对象、范式与机制的创新——韩山师范学院创建国家教师教育创新实验区的探索与实践[J]. 韩山师范学院学报，2021，42（02）：93-100.

[91] 董雅琪. UGS机制下职前教师教育实践课程的设置与实施[D]. 漳州：闽南师范大学，2016.

[92] 教育部关于一流本科课程建设的实施意见[EB/OL].（2019-10-31）[2022-02-06]. http://www.moe.gov.cn/srcsite/A08/s7056/201910/t20191031_406269.html.

[93] 全网最全｜国家级一流课程评审指标[EB/OL].（2021-02-20）[2022-02-06]. https://mp.weixin.qq.com/s/P-EWb1tmoOT54URUcvirXQ.

[94] 线下一流课程：并非精品课程再报一次[EB/OL].（2021-03-26）[2022-02-06]. https://mp.weixin.qq.com/s/ xtN1h55Nm0El6tcmB5BAKg.

[95] 线上一流课程建设应用及申报指南[EB/OL].（2021-03-25）[2022-02-06]. https://mp.weixin.qq.com/s/ zoZ3MuNYG_0ZLQhYJWlwqQ.

[96] 白逸仙. 美国STEM教育创新趋势：获得公平且高质量的学习体验[J]. 高等工程教育研究，2019（06）：172-179.

[97] 王洪才，解德渤. 中国通识教育20年：进展、困境与出路[J]. 厦门大学学报（哲学社会科学版），2015（06）：21-28.